少年读

水经注

刘兴诗 著

黄河篇

奔腾入海

青岛出版集团 ｜ 青岛出版社

图书在版编目（CIP）数据

奔腾入海 / 刘兴诗著. — 青岛 : 青岛出版社,
2024.2
（少年读《水经注》. 黄河篇）
ISBN 978-7-5736-1752-1

Ⅰ.①奔…　Ⅱ.①刘…　Ⅲ.①黄河－下游－地方史－
儿童读物　Ⅳ.①K292-49

中国国家版本馆CIP数据核字（2024）第010992号

SHAONIAN DU《SHUI JING ZHU》（HUANGHE PIAN）· BENTENG RU HAI

书　　名　少年读《水经注》（黄河篇）·奔腾入海
著　　者　刘兴诗
出版发行　青岛出版社
社　　址　青岛市崂山区海尔路182号（266061）
本社网址　http://www.qdpub.com
邮购电话　0532-68068091
责任编辑　刘　强　步昕程　李晗菲
特约编辑　李子奇　刘　朋　李　艳
装帧设计　乐唐工作室　刘晓艳
封面插图　张子涵
内文插图　徕睦　刘　瑶　林秋波
摄影图片　图虫·创意　视觉中国
制　　版　青岛乐喜力科技发展有限公司
印　　刷　青岛乐喜力科技发展有限公司
出版日期　2024年2月第1版　2024年2月第1次印刷
开　　本　16开（710mm×1000mm）
印　　张　8.5
字　　数　120千
书　　号　ISBN 978-7-5736-1752-1
审 图 号　GS鲁（2023）0406号
定　　价　38.00元

编校印装质量、盗版监督服务电话　4006532017　0532-68068050

　　在黄河中游的旅途中，我们欣赏了晋陕大峡谷的壮丽景色，壶口瀑布"千里黄河一壶收"的气势还历历在目；游览了历史悠久的潼关与函谷关，那些流传千年的故事打动人心；造访了古都洛阳，感受到了中华文明的厚重底蕴；还参观了功在千秋的三门峡与小浪底水利枢纽工程，现代科技令人赞叹！

　　就这样，黄河弯弯绕绕，流出了豫西峡谷，流过了河南郑州市西北方的桃花峪，再往前走，就来到了黄河下游，进入黄河漫长旅途中的最后一段路了。

　　黄河进入下游后，流经一派平原。上下五千年，那些可歌可泣、可感可叹的故事就发生在这里；那一页页泛黄的历史书卷，写满了繁华、衰落与重生，只有黄河是始终不变的亲历者、见证者。

大河滔滔，多少名城古镇罗列在河畔。在黄河下游地区，上有郑州、开封，下有济南、东营，中间还有其他城市，一一有奇珍，个个有奇闻。让我们漫步在这些城市的街头巷尾，感受历史与现实在大河旁交汇。

　　大河泱泱，奔腾入海。黄河三角洲一望无际，芦苇飘荡，水鸟飞舞；河海交汇，黄蓝分明。大自然的鬼斧神工令人称奇，值得我们细细观看。

　　大河莽莽，几度变迁。几千年来，黄河曾投入黄海的怀抱，也曾与淮河几度纠缠。河畔那波光粼粼的大湖已经

消失，古河道的踪迹更是隐秘难寻……黄河啊黄河，你的身影为什么如此变幻莫测？

出发，让我们追随郦道元的脚步，读着《水经注》，进入黄河下游，看看黄河流经了哪些地方，留下了哪些故事，变幻莫测的黄河改道又是怎么一回事吧！

目录

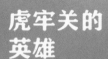

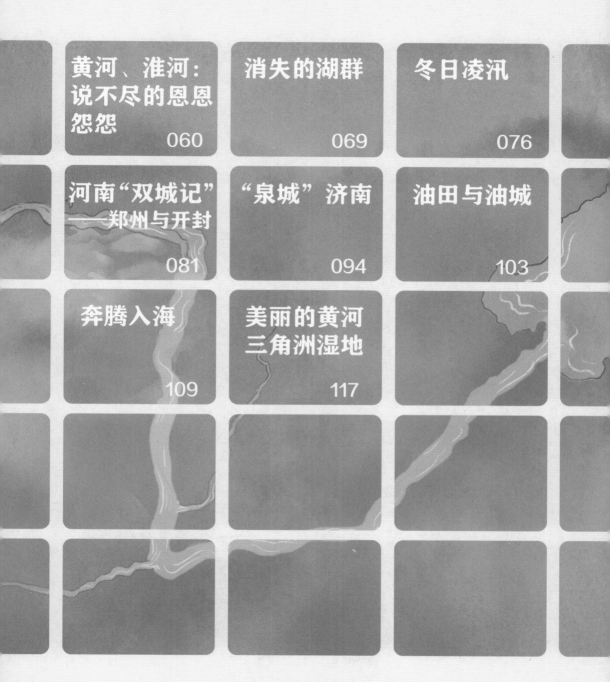

虎牢关的英雄

来到黄河下游，我们继续跟着郦道元一路前行。

黄河在中下游分界点桃花峪附近"东过成皋县北"。在这里，《水经注》讲述了《穆天子传》中的一个传说：

> 天子射鸟猎兽于郑圃，命虞人掠林，有虎在于葭（jiā）中，天子将至，七萃之士高奔戎生捕虎而献之天子，命之为柙（xiá），畜之东虢（guó），是曰虎牢矣。

这是说，穆天子打猎的时候，有人在林中抓到了一只老虎，将它献给了穆天子；穆天子命人将老虎蓄养在附近，因此这里被称为"虎牢"。原来，《三国演义》里那个大名鼎鼎的虎牢关，名字是这么来的。

"成皋"本来是古时候的东虢国，也是春秋时期郑国的一个邑，在今河南省荥（xíng）阳市。"皋"这个字我们见过很多次了，它指的是水边的高地。这里地势险要，战国时期人们在这里修建了成皋城。它的北面紧靠着黄河，南面和东面则是深涧。秦朝又在这里修建了一座雄关，也就是虎牢关。

你还记得我们在黄河中游行走时，过了长安，从西往东拜访过哪几座重要的关城吗？先是潼关，然后是函谷关，而虎牢关则是长安以东除潼关、函谷关之外的第三关。《三国演义》里记载，东汉末年，董卓专权，曹操、袁绍等将领不服，合起伙来去讨伐他。董卓派大将

吕布把守虎牢关，与天下英雄为敌，紧接着上演了刘备、关羽、张飞"三英战吕布"的精彩一幕。诸侯的军队为什么一定要攻占虎牢关呢？原因很简单——打不下虎牢关，就去不了洛阳。

不过，《水经注》里可没讲东汉末年的这场战争，也没有记载曹

明人绘《虎牢关三英战吕布》

操、袁绍、吕布、刘备等曾经叱咤风云的后汉群雄，而是记录了另一个英雄人物和一段值得一提的战斗。

这件事发生在南北朝时期，南朝和北朝的军队在虎牢关爆发了一场激烈的战斗。

南朝军队的将领叫毛德祖，他原来生活在北方后秦的统治下，后来归顺了东晋，投入大将刘裕手下的铁军——北府军。后来，他跟随刘裕北伐，攻破潼关，围攻长安，逼得后秦皇帝投降。

公元420年，刘裕取代东晋，在南方建立了刘宋政

权。毛德祖战功赫赫，被封为冠军将军、司州刺史，长期镇守虎牢关，独当一面，对付北朝。

刘裕死后，在北方虎视眈眈的北魏一得到这个消息，立刻派大军进攻，把虎牢关团团围住。毛德祖在没有援军的情况下，"战经二百日"，打退了北魏军队一次又一次的进攻。

北魏军久攻不下，就截断了黄河水源，想要渴死守军。毛德祖和将士们只能靠城里的一口井取水饮用，条件非常艰苦。据记载，这口井有四十丈深。

后来，北魏军打听到这件事，便从另一面掘地三尺，把井道阻断。因为没有水，守军彻底断了活路，虎牢关这才陷落。毛德祖被北魏俘虏，最后客死他乡。

这场战斗离郦道元生活的时代不久。他在书中说，他出差到这里时，曾亲自到现场考察，发现当时挖地洞的地方还在。

黄河边的故事

楚河汉界

你下过中国象棋吗？象棋的棋盘中央有四个大字——"楚河汉界"，它所占据的空间像一道天堑，横在两军阵前。

那么，棋盘上的楚河汉界有没有原型呢？告诉你吧，它的原型就是中国历史上非常有名的"鸿沟"。

鸿沟是一条很宽很宽的沟吗？

不是。鸿沟其实是一条运河，大约在战国时期魏惠王十年（公元前360年）开凿，它从荥阳、成皋一带开始，向东南进入颍水，途中连接其他一些河道，是我国古代最早沟通黄河和淮河的人工运河。

楚汉相争的时候，成皋是一个战略要地。双方为了争夺这里，爆发过多次激烈的战斗。

约公元前204年，项羽的军队围困荥阳后，立刻进攻成皋。在之后一年多的时间里，楚汉双方围绕成皋展开了多次攻防战。

鸿沟示意图

　　《水经注》中记载："河水南对玉门，昔汉祖与滕公潜出，济于是处也。"这说的是在某次成皋攻防战中，刘邦被围困在城中，和滕公（刘邦手下的大将夏侯婴）偷偷地从成皋冲出楚军包围圈的事情。

　　经过多次战斗，双方谁也奈何不了谁。于是，楚汉和谈，约定以鸿沟为界，西边属汉（刘邦控制的区域），东边属楚（项羽控制的区域）。"楚河汉界"的说法由此而来。

古黄河和大伾山

　　历史的书页里写满了刀光剑影，刘邦、项羽已经远去，我们还是离开虎牢关，继续往前走吧！

　　《水经注》接着写道：

　　河水又东迳成皋大伾^{pī}山下。

　　大伾山在今河南省浚（xùn）县城东，提到它，我可要好好说几句。

　　大伾山虽然挂了一个"大"字，也挂了一个"山"字，但它并不大，更谈不上是什么了不起的山。我在华北平原考察的时候，为了研究古代河流的变迁，曾特地从大老远的地方赶来拜访它。

　　浚县城外的卫河边，有一前一后两座小山包，一座是浮丘山，另一座就是大伾山。黄河流到这里，进入一马平川的大平原。这里的山跟我们在黄河中上游经过的那些动辄数千米高的大山根本没法比，也就是一些丘陵，只是在这开阔的平原地带十分显眼罢了。

　　既然如此，为什么大伾山这么有名，值得我专门去看一看呢？这里面有两个原因。

　　一是这座山上有一尊北魏时期依山开凿的、约有八丈高的大佛*，据称是我国最早雕刻成的、北方最大的摩崖造像。

　　按理说，八丈大佛也不罕见，四川的乐山大佛、山西大同的云冈大佛、河南洛阳的龙门大佛等，都比它出名。可是这样一尊八丈大佛，却藏在一座七丈高的楼里，当地人都称其“八丈石佛七丈楼”，这就有些稀奇了——八丈高的大佛怎么能住在七丈高的楼里呢？

　　哈哈，这道题堪比一个脑筋急转弯，它的答案是：大佛是坐着的，当然可以住在比自己短一截的大殿里。也就是说，大佛尽管有八丈高，但是它坐下的高度就不到八丈了呀！举个通俗易懂的例子，一个人有一米八，要是坐在凳子上再上下一量，连一米五也不到。而且，大佛底部要低于地面，它住在里面更是绰绰有余了。

　　大伾山之所以有名，跟这尊大佛有很大的关系。不过，这还不足以吸引我到这里来，我还想更深入地了解

---

* 据当地文物管理部门测量，高20多米。

一下：人们为什么在这里雕刻一尊大佛？

要回答这个问题，就涉及黄河了。

古时候，黄河的河道与现在不完全相同，有的地方甚至差别非常大。研究表明，黄河曾经从大伾山山脚下流过。山边地势较高，河流的流向比较固定，大伾山就像一道天然的屏障，能控制黄河的水流，不让它四处漫溢。不过，一旦黄河流出大伾山，前面没有屏障限制，水流就会在平原上随意摆动。这样一来，在雨季到来的时候极有可能会发生洪水，给下游地区带来无穷无尽的烦恼。

怎样才能让黄河流过大伾山之后，不去胡乱冲撞呢？古人想不出什么好办法，只好在这里修造一尊大佛，以求"镇"住凶猛的洪水。原来，大佛当了"镇河将军"啊！

据说，大伾山还和大禹治水的传说有关系。

在《尚书·禹贡》中，有大禹"至于大伾"的记载。传说，当年大禹为了治水，曾经在这里俯瞰黄河下游茫茫的水

大禹画像

势，寻找疏导水流的办法。

现在，有的人来到大伾山，并不是为了参观那尊八丈大佛，而是跟随大禹的脚步，想象当年古黄河绕过这座山滚滚流去的样子，抒发怀古的幽情。

大伾山和黄河紧密相关，它是我国最早有文字记载的名山之一，也是黄河下游平原上一个非常重要的水文节点。《水经注》引用古人的话，说这里是"地喉也"，即特别重要的"咽喉之地"。

大伾山正是因为其地理位置独特，才引起古往今来水利学家、地质工作者的注意，被写进一本本讲述黄河历史的书中。让我们牢牢记住这个地方吧！

说不尽的白马

　　离大伾山不远，有一个古老的渡口——白马（《水经注》中有"白马津"之称），它也在古黄河的岸边。《水经注》中说："袁绍遣颜良攻东郡太守刘延于白马，关羽为曹公斩良以报效，即此处也。"

　　哦，原来这里就是《三国演义》中关羽斩杀颜良的地方。在一些资料中，也有"白马坡"之名。曹操和袁绍各自率领大军，在白马摆下战场，目的就是争夺这个重要的地方。

　　"白马津""白马坡"，为什么两个名字这么相似？《水经注》中说，这儿从前有个"白马县"，附近有一条河渠，叫"白马渎"。我认为这些与"白马"有关的名字，都源于附近的一座山——白马

曹操画像

山。山下常常有成群的白马出现，因此而得名。

那可不是普通的马，而是很有灵性的马。据说，这些马儿"悲鸣则河决，驰走则山崩"。也就是说，它们悲声嘶叫，就会引发洪水；一起奔跑，就会引发山崩。

不论是白马津，还是白马渎，现在我们都见不到了。因为黄河进入下游地区后，频繁改道，这里早已变成一马平川的地方，白马这个曾经留下无数传说、兵家必争的地方，也渐渐淡出了人们的视野。

"龙之乡"与
"石油城"

翻越大伾山，走过那些跟"白马"有关的地方，郦道元在《水经注》中写道：

白马渎（dú）又东南迳濮阳县，散入濮水，所在决会，更相通注，以成往复也。

原来，白马渎的东南方就是濮阳县，旧治在今天的河南省濮阳市。白马渎的水在濮阳附近注入濮水，其他河流也在这里汇合相通。濮阳在河南的东北部，位于濮水之阳，所以叫这个名字。

如果你现在说："我打开地图看了又看，没发现濮水这条河呀！"那我要告诉你，在黄河一次次的改道和泥沙淤积的过程中，古老的濮水早就被填埋，消失得无影无踪了，留下了"濮水"这个名字和"濮阳"这座历史文化名城。

濮阳是我国古代文化的发祥地之一，传说上古时期五帝之一——颛顼曾经居住在这里。现在，人们称濮阳为"中华龙乡"，这是为什么呢？

"龙"想必大家都不陌生，因为它是中华民族的图腾，我们自称"龙的传人"嘛。但是，龙长什么模样呢？古人总结过，说它角似鹿、项似蛇、鳞似鲤、爪似鹰、掌似虎等，能兴云作雨，是一种神奇的动物。那么，你知道咱们中国人是从什么时候开始崇拜龙这一形象的吗？要回答这个问题，我们得去濮阳看一看！

1987年的一天，在濮阳一个名叫西水坡的地方，考古工作者发现了一座距今约6500年的墓葬。发现墓葬并不稀奇，稀奇的是在墓主人的骨架两侧，分别用蚌壳堆放着一个奇怪的物体造型。仔细瞧，一边趴着的是某种哺乳动物，你看它四肢强健、躯体孔武有力，还拖着一

蚌塑虎

条长长的尾巴，很明显就是老虎嘛！另外一边则是一个身体弯弯曲曲、有尾巴和爪子、似乎正在飞翔的动物。考古工作者经过研究，确定它就是龙的形象。在附近其他墓葬里，人们也发现了类似的造型。

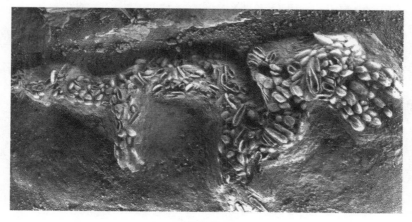

蚌塑龙

人们称这种龙为"蚌壳龙"，也叫"蚌塑龙"。由此可见，早在原始时期，有关龙的传说和龙的形象已经深入当地居民的心了。我在上一册书《中流砥柱》中说到黄河中游的文化时，曾提及河南二里头附近也出土过一条"龙"——绿松石龙形器。将这两条"龙"结合起来看，我们就能对龙文化在黄河流域的传播和影响有一个大致的印象。相较于二里头出土的绿松石龙形器，濮阳出土的蚌塑龙所属的时代更早，设计上也更形象，称它是"中华第一龙"可谓名副其实！

人们都说，黄河流域是龙的故乡。依我看，那弯弯曲曲的黄河，本身就是一条龙啊！河水蜿蜒前行，就像巨龙在游走，给人们无穷无尽的想象。

你更想不到的是，在进入新的时代后，濮阳又有了一个新的身份。是什么身份呢？请听我慢慢道来。

早在20世纪50年代中期，我国的地质学家就看中了濮阳这块宝地，进行了一系列的地质考察工作，最后认为在濮阳的地下可能埋藏着石油资源，由此开启了大规模的钻探工作。

1975年9月7日——请记住这个日子。

濮阳县文留乡——请记住这个地方。

这一天，在这个地方，地质工作者钻至井深2600多米时，泥浆、流沙挟带大量原油从井口喷出，油柱喷高5—20米！

地质工作者继续勘探，发现这里不仅有宝贵的石油资源，还有丰富的天然气资源；不仅濮阳县境内有石油、天然气资源，周边其他地方也有。

真没想到在那广阔的大地下，除了埋藏着古老的蚌塑龙，还隐藏着一条巨大的"石油龙"。

因为这里地处中原，人们就称它"中原油田"。咱们堂堂大中原，就这样冒出了一个崭新的油田，为国家建设献上了宝贵的资源！濮阳也因为油田的存在，又被人们誉为"石油城"，焕发出勃勃生机。

黄河边的伍子胥庙

《水经注》里有一段奇怪的记载："河水又东北，迳伍子胥庙南。祠（即伍子胥庙）在北岸顿丘郡界，临侧长河。庙前有碑，魏青龙三年立。"

"顿丘"在今河南省清丰县西南，距离濮阳不远。当时这里紧靠黄河，地理位置十分重要。《诗经》中有"送子涉淇，至于顿丘"的诗句。曹操年轻时曾出任顿丘令，可见它是个有些名气的地方。

可是，伍子胥是春秋时期吴国的大夫，他生活在东南方，人们为什么在黄河岸边给他修一座庙呢？这的确让人费解。

有人说，伍子胥当年被楚国追杀，经过中原的宋、郑两国后，南下进入吴国，其间可能会经过黄河岸边，

伍子胥画像

所以人们才在这里建庙祭祀。

也有人说，这可能源于伍子胥与钱塘江的传说。伍子胥本是楚国人，因为楚王残暴才投奔了吴国。他对吴王忠心耿耿，却被吴王杀害，尸体也被抛入钱塘江。从此，钱塘江每年都会发大潮，潮水虽然非常壮观，但也给百姓带来灾难。于是人们在钱塘江边修建了伍子胥庙，并尊他为"潮神"，以此祈求水波平静。再往后，黄河岸边的人也把他"请"到这里，想让他镇住黄河洪水。由此可见，当时黄河洪水多么可怕，吓得人们都"病急乱投医"了！

亲爱的小读者，你觉得是什么原因呢？

武松打虎之谜

让我们沿着黄河继续前行吧，前面还有更多有趣的地方值得去参观、了解。《水经注》记载：

漯水又东北，迳清河县故城北。

"漯水"在哪里？它是古代黄河下游的一条主要支津（请注意"支津"这个词），在河南浚县西南离开黄河，向东北流经今天的濮阳等地，后进入山东境内，最终注入渤海。《史记》中说，大禹到了大伾山之后，开凿了两条河道引导黄河水，其中一条就是漯水。根据现代学者的考证，古代漯水的一部分河道可能就是今天山东境内的徒骇河。

我们一路走来，已经遇见了不少黄河的支流，但"支津"这个词却是第一次听到。"支津"是个历史地理名词，它的意思与支流正好相反。支流指的是汇入干流的河流，比如渭水汇入黄河，渭水就是黄河的支流；支津则是指从主干河流中分出来的河流，漯水就是这样一条河，它里面流淌的是黄河水。

《水经注》中还提到了"清河县"。说起清河县，你可能不了解，但是"武松打虎"的故事，想必你一定知道，而武松的老家正是清河县。

《水浒传》中说，有一回，武松从沧州回老家探望哥哥，走到了山东的阳谷县，在景阳冈喝了十八碗酒，还打死了一只吊睛白额猛虎。*

这个故事是真的吗？先不说武松赤手空拳能不能打死一只大老虎，只说这景阳冈，那里怎么会有老虎呢？

景阳冈位于现在的山东省阳谷县张秋镇，在黄河的北边。就算那里有老虎，它是从哪儿跑来的？要想找到答案，就要亲自去景阳冈看看了！

1956年，我在参加当时的水利部与北京大学联合组织的华北平原土壤普查工作的时候，曾经去过阳谷县。在距离阳谷县城十几公里的地方，我抬头就能望见一个黑乎乎的山影。

这是一座从平地耸起的、孤零零的山岗。从山脚算

---

* 《水浒传》中有一些地理知识不够准确。有研究者认为，武松从沧州到清河县，其实不必经过阳谷县，但作者施耐庵可能只知道河北、山东的大体方位，对于清河县、阳谷县的具体位置并不十分清楚，相关叙述只是信手拈来。

起，有好几十米高，左右连绵一大片，在当地算是很高很大了。

它其实是一座石头山，只不过上面覆盖了厚厚的泥土。山顶有一座武松庙，山上披满了浓密的树丛，郁郁苍苍，看上去十分幽深。

望着这座山岗，我心里有些疑惑，脑海中有两个地方"想不通"。

第一个想不通的是，这不过是平地上的一座孤山，往来行人完全可以从旁边绕过去，武松有必要翻过这座山，硬往虎口里送吗？

这个问题还好解释。它毕竟是小说里的情节，作者为了故事发展的需要，会做出一些异乎寻常的安排。

第二个想不通的是，这只大老虎是从哪里来的呢？

按理说，古时候地广人稀，野生动物很多，有一两只老虎在此栖息，结果被武松遇到了，他为了活命，只得将老虎打死。这也勉强说得过去。

可这样的解释并不能完全满足我的好奇心，我还想调查一下这只老虎的"籍贯"呢！在北宋时期，山东各地出现的老虎基本上是从南方顺着山岭密林跑到北方来的，武松打死的这只老虎，我想肯定不是景阳冈土生土长的。

老虎从南方迁徙到北方，必然要遇到黄河。它们可没法像人那样，坐着船到北方去，所以黄河在哪儿，它

小心，有老虎出没！

北宋时期景阳冈示意图

们就止步于哪儿。阳谷县有没有老虎，要看当时的黄河在什么位置。

快去翻一翻史书吧！原来，北宋仁宗时期，黄河经历了一次大决口，黄河的河道往北移动了。景阳冈原来在河道的北边，老虎从南向北走，肯定没法过河到那里去；但是后来因为黄河改道，景阳冈一下子"跑到"河道南边，与周边山区连成一片了。在这种情况下，老虎从南边的山岭密林中跑来，也不是不可能。

所以，我的结论是：景阳冈是真的，老虎也完全有可能跑到景阳冈。《水浒传》中写的武松在景阳冈打虎、李逵在沂蒙山区砍死老虎的故事，在我看来并非全是虚构的。

黄河边的故事

伏生的故事

《水经注》中说漯水经过一个叫"伏生"的人的墓，接着提到了一个历史片段：

秦坑儒士，伏生隐焉。汉兴，教于齐、鲁之间，撰《五经》《尚书大传》，文帝安车征之。年老不行，乃使掌故欧阳生等受《尚书》于征君，号曰伏生者也。

要把这段话解释清楚，我们需要了解两个事情——秦始皇焚书坑儒和古代图书的保存。

话说秦始皇统一天下后，为了进行思想文化控制，巩固自己的统治，抓捕了很多批评和议论他的方士、儒生，并活埋了400多名；他还下令烧毁了很多图书，禁止民间私藏某些种类的图书（包括《诗经》《尚书》）。这就是中国历史上一个很有名的事件——焚书坑儒。

伏生是秦汉时期一个很有名的学者，他自幼好学，博览群书，尤其精通《尚书》。《尚书》是我国现存较早的一部文献汇编，记载了很多上古时期的资料，是儒家"四书五经"中的"五经"之一。焚书坑儒的事件发生后，伏生为了保存这一重要的典籍，冒着生命危险将它藏在自家的墙壁中。

明人绘《焚书坑儒图》

后来，秦朝灭亡，刘邦建立了汉朝，因兵荒马乱而流离失所的伏生回到了老家，重新找出自己当年藏起来的《尚书》。可惜的是，这部书已经在战火中损毁了一部分，只剩下20多篇。伏生将它们抄录下来，在自己的家乡讲授。他保存、传授《尚书》的事迹传到了朝廷，当时的皇帝汉文帝非常重视，备车去征召他，但伏生此时已经90多岁，不能出行了。于是，汉文帝派人到伏生家中，当面向他学习《尚书》。

伏生与《尚书》的故事告诉我们，文化的传承太不容易了！古代没有计算机，人们主要靠纸张把知识记录下来。可是图书的保存又容易受到自然灾害或者战争的影响，说不定什么时候就化为灰烬或者散落无存了。

比如东汉末年，董卓专权，逼着汉献帝从洛阳迁都到长安。结果迁都前后，朝廷的大部分藏书在战火和动乱中被损坏。南北朝时期，南朝有个皇帝喜欢读书、藏书，后来都城被外敌侵入，他为了泄愤，竟然下令将十几万卷图书全部焚毁……这样的事，一件件、一桩桩，在历史上屡见不鲜。

我们现在读《水经注》原文，会发现郦道元引用了很多他生活的那个年代（或者之前）的书，但是其中很多书我们现在找不到了，为什么？可能是因为它们在历史发展的过程中被破坏了。因此，我们要感谢郦道元，是他让我们通过《水经注》了解了很多古代的书籍，让我们知道自己的祖先曾经研究、探索过哪些事情。

隋炀帝和大运河

　　你知道古代商人要到很远的地方去做生意，需要携带很多货物时，会使用什么交通工具吗？

　　告诉你吧，无非是陆上的牛、马、驴等牲畜拉的车，还有水上的船只。牛车、马车等虽然灵活，但是速度很慢，牛啊马啊还得休息、饮食，需要运送大量货物或者做长途运输时，远没有乘船顺流而下方便快捷。因此，水运就成为我国古代非常重要的运输方式。平时人们出行、运输货物，战时朝廷调兵遣将、运送粮草，都会利用水运。但水运有一个很明显的缺陷——如果没有河流或者航道，船只就无法通行。你想啊，我们总不能把船拖到陆地上来吧！

　　我国的地势西高东低，所以大多数河流都是从西向东流的，这样一来，东西向的运输自然比较便利，可如果从南方到北方，或者从北方到南方，就非常不便了。于是，人工开凿的运河就成了沟通南北的重要通道。

　　运河可不是想凿就凿的，人们不可能不经过考察和设计，就在陆地上随便挖一段运河。运河通常会避开地理上的天然障碍，与自然水道相连，将几条不同的河流连接起来，形成一个大的水路运输网，从而缩短运输线路、提升水运的覆盖面积，惠及更多的地方和百姓。当然，除了运输外，运河还有灌溉、分洪、排涝、给水等功能。

我在前面的文章中讲过被当作"楚河汉界"的那条"沟"——鸿沟，它其实就是一条人工运河。鸿沟是在战国时期修建的，是我国古代最早沟通黄河和淮河的运河。在《水经注》的《淮水注》中，郦道元还记录了另一条运河：

昔吴将伐齐，北霸中国，自广陵城东南筑邗^{hán}城，城下掘深沟，谓之韩江，亦曰邗溟^{míng}沟。

"邗溟沟"就是春秋时期吴王夫差命人开凿的运河——邗沟。这条运河沟通淮河与长江，是古代劳动人民创造的一项伟大水利工程。

鸿沟和邗沟这两条运河开凿的时间比较早，因此在《水经注》中都有记载。中国历史上另外一条有名的大运河是在郦道元之后的时代开凿通航的，《水经注》中当然没有记载了。让我们暂时离开北魏，到多年之后的

隋朝，去看看隋炀（yáng）帝时期修建的大运河吧！

隋朝终结了当时中国南北分裂的局面，统一了天下。隋朝的第二个皇帝隋炀帝继位后，为了巩固自己的统治，启动了修建运河的计划。他以洛阳为中心，在黄河南北大规模地兴修水利，疏通、重修之前众多王朝开凿留下的运河河道，形成了永济渠、通济渠、邗沟、江南河四段运河。

永济渠从洛阳一带的黄河北岸出发，连接涿郡（今北京附近）。

通济渠连接淮河，又通过邗沟抵达繁华的江都，也就是今天的江苏省扬州市一带。史载，这条运河水面宽阔，可以通龙舟。隋炀帝就是沿着这条运河，乘着龙舟下江南的。

隋炀帝还命人从长江边的京口（今江苏镇江）开凿了一条江南河，一直通到余杭，也就是今天的浙江省杭州市一带。

通济渠与永济渠一南一北、一撇一捺，形成"人"字形，沟通海河、黄河、淮河、长江、钱塘江五条大河，把富饶的江南一带和北方地区连成一片，简直就是两条"水上高速公路"，极大地促进了货物流通和经济发展。

这个以通济渠和永济渠为骨干的水上交通网，不仅大大提高了运输效率，还充分带动了沿岸城市和乡村的发展。一些新兴的市镇纷纷出现，很多繁荣的码头陆续诞生。特别是通济渠，对后来洛阳和开封的发展起了很大的推动作用。

后来，唐朝长期开凿、疏浚、整修大运河，使它可以持续通航，奠定了唐代贞观之治、开元盛世的物质基础，这条运河也因此而得名"隋唐大运河"。

流淌千年的大运河

　　提到大运河，很多人说它是隋炀帝为了享乐、到南方去巡视才修建的。其中固然有这一方面的原因，但事情却远没有这么简单。我们要在大的历史背景下，去探讨大运河修建的原因。

　　隋朝结束了南北朝时期的混乱局面，使全国得到了统一，经济也有了较大的发展。当时，南方给朝廷上缴的赋税与南北买卖的各种物资，如果通过陆路运输的话，不仅速度慢、运载量小，而且费用和消耗非常大。怎么办？在当时的条件下，人们只能考虑水上运输了。

　　有的小读者说："可以通过海洋运输啊！在南方的港口装上货物，到北方的港口再卸下来就是。"这是海运，现在很多货物就是通过这个途径从南方运到北方的。但在隋唐时期，海运的风险太大了！当时航海技术、造船技术都不够发达，海上的天气变幻莫测，雷电、暴雨、海啸，都有可能导致船毁人亡；而通过河流运输，风险就会明显降低。谁也不愿意在运输过程中把货物，甚至把生命丢掉啊！这是隋朝选择河运而不选择海运的重要原因之一。

南方地区经过南朝时期的发展，在隋朝已经成为中国的一大粮仓。大运河建成后，南方的丝绸、粮食等重要的物资就能通过大运河一路北上，最后到达京城，供皇宫和周边地区的人们使用。如此一来，隋炀帝一定会觉得隋朝的江山更加稳固了。我认为这才是他修建大运河最主要的原因。

公元605年，也就是隋炀帝即位后的第二年，他派人修建了通济渠，修缮了邗沟。公元

隋炀帝画像

608年，隋炀帝又征发大量民工修建永济渠。这两次修建的规模之大、投入的人数之多，让人惊叹，史书记载各有百余万人参与了这项工程。

现在大家普遍认为，大运河的修建有利于国家的发展和统一，但对当时的老百姓来说，却是一个沉重的负担。为什么？因为当时技术不发达，需要大量的人力去修建大运河，甚至出现了男劳力不够，妇女也要去的现象。劳动力都去修运河了，地就没人种了；没人种地，老百姓吃什么？所以在这几次修建大运河的过程中，死伤或挨饿的老百姓不计其数。

大运河不是说修好就不用管了，由于地势等自然原因，隋朝修建的大运河容易淤塞，因此之后的朝代都十分重视运河的维护，不时地修缮、疏通，保证水运畅通。到了元朝，为了使南北水运更加顺畅，朝廷又开凿了几段河道，在隋唐大运河的基础上形成了以大都（今北京）为中心、南下直达杭州的纵向大运河，也就是京杭大运河。

京杭大运河是祖先留给我们的宝贵财富，它见证着中华民族的奋斗与兴盛。

新中国成立后，国家对京杭大运河进行了大规模治理，不断加强对大运河沿线文化遗产的保护。2014年，京杭大运河被列入《世界遗产名录》。这条全长1700多公里、历史悠久的重要水道，在今天依然散发着活力与生机。

清人绘《潞河督运图》（局部）

黄河边的大堤

　　在探寻黄河下游的这段旅程中，我们根据《水经注》的记载，不仅知道了许多历史故事，还学到了很多地理知识。郦道元特别记录了黄河下游几座著名的大堤。让我们看看《水经注》是怎么说的：

　　顺帝阳嘉中，又自汴口以东，缘河积石，为堰通渠，咸曰金堤。……汉安帝永初七年，令谒者太山于岑，于石门东积石八所，皆如小山，以捍冲波，谓之八激堤。

　　上面提到了两座堤——"金堤"和"八激堤"。你要知道，堤和坝是不一样的。我前面讲过的三门峡大坝、小浪底大坝都是横在河中央，用于拦截水流、调节水位的；而堤则是"缘河积石"，即沿着河的两岸筑起高高的石堤，使它像城墙一样护着黄河往前流，目的是防止河水泛滥，给周边的百姓造成损失。

　　问题来了：为什么黄河下游河堤特别多呢？

这就要从黄河下游的地形说起了。黄河进入下游后，地势变得平坦，水面放宽，水的流速也放缓了，这导致大量泥沙淤积。黄河下游村庄、城镇很多，黄河水灾频发造成的危害很大，人们只能沿着河道修建大堤以预防水灾。就这样日积月累，形成了一种独特的现象——"悬河"。

什么是"悬河"？

顾名思义，就是悬在地上的河呀！在黄河下游的很多地方，人们必须仰起头才能看到黄河。

奇怪，黄河又不是大楼，为什么要仰着头才能看到？这个说法是不是太夸张了？

我认为，这个说法一点儿也不夸张。你若不信，可以去问问住在黄河下游大堤两侧的老百姓，特别是开封城和济南城里的老住户，他们说不定都会点头同意。

北宋科学家沈括在《梦溪笔谈》里说：

河底皆高出堤外平地一丈二尺余，自汴堤下^{biàn}瞰，民居如在深谷。^{kàn}

也就是说，人站在大堤上俯视下面的民居，感觉它们就像坐落在深深的山谷里。"汴堤"位于当时的京城开封，约束的是汴水。汴水的一部分水源来自黄河，泥沙

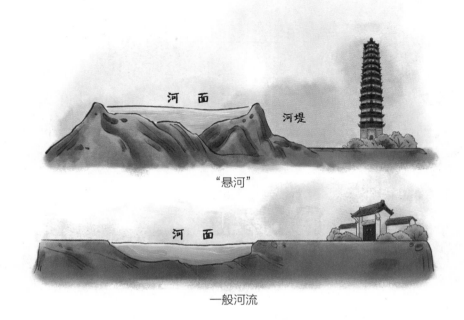

"悬河"

一般河流

逐渐淤积，此时"悬河"现象已经非常严重，更不用说黄河自身了。

我们还是拿开封做例子。你知道流经此地的黄河比开封高多少吗？答案是最高处在10米以上！

这是什么概念？如果一层楼高3米，那么开封附近一些河段的河床会超过3层楼高。在这种情况下，大堤一旦决口，全城百姓和房屋大半会被河水淹没，可以说后果不堪设想！

有的小读者要问我了："既然这里如此危险，为什么古人非住在这里不走呢？他们搬到没有洪水的地方去住不好吗？"

这就像一枚硬币有正反两面一样，在黄河附近居住，有利也有弊。尽管住在这里很危险，但是周围的土地肥沃呀，土地肥沃还是贫瘠直接关系着收成的好坏！黄河泥沙淤积所形成的平原，其土壤中含有丰富的养料，特别适合种庄稼；另外，有黄河这条大河在，农作物就能得到较好的灌溉。因此，古人为了填饱肚子，不得不冒着风险在这里生活。洪水来一次，他们就跑一次；洪水退了，他们再回来。

我们的祖先太坚韧、太顽强了！他们一边努力适应变化多端的黄河，一边想方设法地治理黄河，这才创造了光辉灿烂的中华文明！

地理知识我知道

"悬河"的成因

为什么黄河下游会出现"悬河"（现在也称"地上河"）现象呢？经过我的考察，并结合地质工作者的研究，可以明确这与黄河的泥沙有关。

我们之前了解过，黄河主要的泥沙来源是中游的黄土高原。黄河进入下游地区后，河床变宽了，水流就会分散；水流分散了，流速就会降低；流速降低了，就搬运不了很多泥沙，必然会导致大量泥沙淤积在河床里。

如此日复一日、年复一年，泥沙越积越多，河床自然越来越高，直至超过两岸的田地，形成特殊的"悬河"现象。

河床升高了，决口的可能性自然会变大。古人要防止水患，该怎么办？只能在黄河两岸修建大堤。河床越来越高，大堤也只能越修越高。河床和大堤比赛似的，你抬高，我也抬高，陷入了恶性循环。

如果是在遥远的上古时期，人烟稀少，也没有大片的田地，河两岸自然不需要修建大堤。等黄河河身抬高到一定程度时，就会自行调节——水流决口后冲出，沿着低洼的地方开辟新的河道；再加上流域内环境还不错，河水挟带的泥沙也少，所以那时候泥沙淤积的速度和河床抬高的速度都比较慢。后来，随着周边地区人口增加，许多城镇村庄出现了，人们就不得不修筑大堤抵御洪水，防止黄河决口。

这下你明白"悬河"形成的原因了吧？古往今来，人们都为它伤透了脑筋。你如果想知道人们是怎么与黄河"斗智斗勇"的，就接着往下看吧！

两千多年前的
抗洪活动

现代学者研究表明，从西汉开始，黄河水灾便日益严重。从公元前168年到公元11年，史书记载的严重水灾就有10次（一般的水灾史书中很少记载），其中造成黄河改道的有5次。*因此，如何治理黄河就成了当时最让人头疼的问题，上文我提到的"金堤"和"八激堤"都是在这一时期修建的，用来预防黄河水灾。

金堤的修建与东汉初年一个叫王景的人有关，我们先听郦道元讲一讲这段故事吧：

西汉末期，黄河在魏郡（今河南东北部）一带多处决口。到王莽始建国三年（公元11年）时，黄河又在魏郡元城附近发生严重决口。当时的朝廷决定不堵决口，放任黄河自流。结果水灾愈演愈烈，干流与各支流到处泛滥，导致很多地方受灾。由于当时社会动荡，水灾在

---

* 相关数据参考了葛剑雄先生著《黄河与中华文明》，下同。

之后的十几年间都没有得到有效治理，老百姓苦不堪言。

时间来到东汉初年，灾情依然没有得到缓解，灾区范围越来越大，原来的水门、河堤等治河工程都被淹没了。老百姓怨声载道，一些正直之士纷纷批评朝廷不考虑民间疾苦。

汉明帝即位后，面对这样的形势，想要治理黄河，大臣们对此各执一词。有人认为要尽快堵住决口。有人却觉得应该顺其自然，因为如果加固左边的堤防，就会让右边的堤防遭殃；如果两边都加固，则可能会导致下游地区再度出现决

如此这般……

口。不如让老百姓搬到高
处，如此既能省下治理黄河
的钱，老百姓也不会再遭水患。汉
明帝拿不定主意，对于如何治理黄河一直犹豫
不决。

当时朝廷在全国范围内寻找擅长治水的人
才，一个叫王景的人被推荐上来。王景从小博览
群书，爱好天文和数学，懂得工程建造技术。他
提出了一些治河的办法，取得了很好的效果，因
此名声大振。

公元69年，汉明帝召见王景，询问他治理
黄河的看法和对策。王景对答如流，详细陈述

治理黄河的利弊。汉明帝对此十分赞赏，赐给他《山海经》《河渠书》等珍贵的地理书籍。这一年，汉明帝派王景等人负责治理黄河。这次治河工程浩大，动用大量人力、物力，花费极多。汉明帝征发几十万人参与治河工程。根据史书记载，王景在1000余里长的河道上，修整、重建之前因黄河决口毁坏的河堤；挖除河道石滩，堵绝横向串沟；在河堤上建造水门，以便根据黄河水量的变化灵活引导水流。

第二年，工程完成了，汉明帝亲自到黄河边巡视，并下令在沿河的州县设置专门负责维护河堤和其他水利设施的官员。王景因治河有功，得到提拔和赏赐，名扬天下。

后来，这段堤防又被多次加固、延长，加上前人建造的石堤，被统称为"金堤"。

王景治水所整修的河道被认为是黄河第二次大改道。从此以后，黄河有了一条相对安稳的河道，平静了600余年。在这一时期，史书上很少出现黄河下游发生重大水灾的记录。

地理知识我知道

黄河第一次大改道

　　在人类与黄河相处的悠久岁月中，黄河发生过数不清的改道，可以说整个黄河下游平原都遭受过黄河水的冲刷。据记载，在3000多年间，黄河下游决口泛滥有1500余次，较大的改道有二三十次，真可谓"三年两决口，百年一改道"。一般认为，黄河发生过6次特别大的改道，王景治水后形成的河道轨迹是其中的第二次。

　　在很久很久以前，黄河还没有堤防约束，在下游的平原田野间自由流淌，形成了许多河流，即《尚书·禹贡》中说的"北播为九河"。"九河"不是说有九条河，而是指水流散漫的情况。

　　后来黄河河床逐渐升高，左右又没有河堤防护，所以一到汛期河水就容易泛滥。周定王五年（公元前602年），黄河发生了有史书记载的首次大改道，洪水从宿胥口（今淇河、卫河合流处）决口，一路向东北流去，经河北沧州，在今黄骅附近入海。

人们认识到黄河泛滥的危害，各诸侯国为保护疆域，纷纷在河边修建大堤。有了堤防约束，黄河就老实多了。它沿着这次改道后的河道流了很久，河道大致固定了下来。

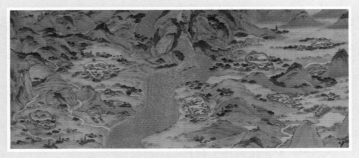

清人绘《黄河万里图卷》（局部）

酸枣治河

　　我们继续沿着黄河向东走，来到一个叫酸枣县的地方。它在今天河南省新乡市延津县的西南边，距离开封不远，据说因为古时候境内多酸枣树而得名。

　　酸枣县交通便利，地理位置非常重要。东汉末年，这里汇集了袁绍、曹操等多路诸侯的人马，他们在这里举行讨伐董卓的盟誓，史称"酸枣会盟"。大军随即进攻董卓，也被一些研究者称为"酸枣联军"。

　　《水经注》中记载了这样一件事：

　　汉兴三十有九年，孝文时，河决酸枣，东溃金堤，大发卒塞之。

　　据此可知，汉文帝时期，黄河在酸枣决口，冲破了黄河大堤（金堤），朝廷立刻调动兵卒（一说是应徭役的民夫）去堵塞决口。"大发"两个字，说明当时形势比较严峻，朝廷紧急调了许多人，刻不容缓地去堵塞。

为什么朝廷这么着急，要"大发卒"去堵缺口？

因为决口的这个位置非常重要，不赶紧堵住可了不得！我在前面说过，这一带容易形成"悬河"，而"悬河"一旦决口，河水便会像野马一样在广阔的平原上驰骋，泛滥成灾，甚至会让黄河改道。到那时，人们流离失所，想堵也堵不住了。

还有一个更重要的原因——这是黄河南岸决口，不是黄河北岸决口。

如果是黄河北岸决口，最严重的情况是黄河改道进入河北平原，从那里注入渤海，造成的损失还不算太大。黄河南岸决口可就糟了，大量洪水会咕咚咕咚地灌进淮河，侵占淮河的河道，造成更大面积的水灾。如此一来，不仅北方各地会失去黄河的灌溉，给农业生产带来严重影响，还扰乱了淮河水系，导致北旱南涝、天下大乱。当时情况紧急，朝廷迅速调人堵塞洪水的举措非常正确，所以郦道元才郑重地记上了一笔。

幸亏朝廷处理及时，这次决口没有造成很大的损失。可惜好景不长，30多年后，也就是在汉武帝元光三年（公元前132年），人们最担心的事情发生了——黄河在南岸瓠（hù）子河（自今河南濮阳境内分黄河水东出）决口，洪水往东南方向奔流，注入巨野泽，然后窜入泗水，夺泗水河道进入淮河，造成了很大的危害。

《水经注》记录了这次水灾：

武帝元光中，河决濮阳，泛郡十六。

此后，黄河堵而复失、失而复堵，反反复复持续了好多年，朝廷一直没能治理好这段黄河。到了汉武帝时，朝廷派10万余人投入治河工程。这次，汉武帝亲自坐镇，随行官员自将军以下都要上阵搬运材料。经过一番艰苦的努力，决口处终于被成功堵住了，黄河恢复故道，由东北方向入海。

汉武帝画像

潘季驯
"束水攻沙"

　　《水经注》只记载了南北朝之前人们治理黄河的行动，但人类与黄河的斗争远不止于此。历朝历代都绞尽脑汁地想办法，想要与黄河和平共处，让黄河不再危害沿岸的百姓。许多有识之士涌现出来，提出很多治河的法子，展现了他们的智慧与胆量。其中，最有名的当属明代潘季驯的"束水攻沙"。

　　元明时期，由于常年的战乱和一些自然原因，黄河水患越来越严重。

　　那时候，明成祖把都城从现在的南京搬到了北京，得依靠大运河把江南的粮食等各种物资运到北京来。可以说，贯通南北的大运河是明王朝的"经济生命线"。一旦大运河不通，北方就要出问题。不用说，朝廷当时在疏通大运河的工作上下了很大的力气。

　　可是，要治理大运河，便不能忽视黄河。

　　大运河贯通南北，黄河则从西向东流，它们在淮安一带交汇，形成一个特殊的"十"字形。

这样的交汇有好处，也有坏处。好处是运河水不够的时候，黄河可以补充，保证漕运畅通；坏处是黄河挟带的很多泥沙会被冲进运河，时间久了就会淤塞运河，不仅不利于漕运，还会使运河水泛滥，淹没周围的田地和乡村。

正是因为黄河的干扰，运河的情况才变得如此复杂，所以要治理大运河，就得先治理黄河。

明世宗嘉靖三十七年（公元1558年），黄河又一次决口，泥沙堵塞了大运河，切断了漕运这条"生命线"。洪水在淮河平原上四处泛滥，甚至冲向安徽北部的凤阳，那里可是开国皇帝朱元璋的老家呀！嘉靖皇帝连忙派人治理，一边引导洪水多处分流，尽量减缓水势；一边在凤阳修筑、加固河堤，保护皇陵。

这样做"治标不治本"，不仅没有使黄河变得驯服，大运河的情况也变得越来越糟。黄河一点儿情面也不留，几年后再次决口。泥沙使大运河淤塞了200余里，洪水在方圆几百里的范围内横冲直撞，淮河平原变成了一片泽国。

在这个关键时刻，潘季驯出山了。潘季驯是浙江乌程（今湖州市）人，嘉靖年间的进士。他多次主持治河工作，前后近30年，取得了显著的成效。

据说，在治河过程中，潘季驯为了掌握实际情况，曾沿着河道走访了许多老农，还深入治河前线，与普通河工一起观察沿岸的地势、水情。经过扎实的调查和研究，潘季驯总结前人的治理经验，得出了几个非常重要的结论，其中意义最重大、影响最深远的便是"束水攻沙"。潘季驯认为：

水分则势缓，势缓则沙停，沙停则河饱。……水合则势猛，势猛则沙刷，沙刷则河深。……筑堤束水，以水攻沙。水不奔溢于两旁，则必直刷乎河底。

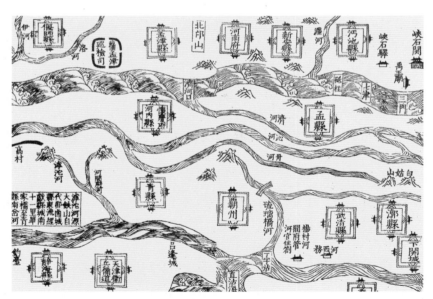

潘季驯著《河防一览》书影

这段话的大意是，水势一旦分散，流速就会降低；流速一旦降低，泥沙就会淤积；泥沙一旦淤积，就会把河床填满。而水势如果集中的话，流速就会增加；流速一旦增加，泥沙就会被冲走，河床也就加深了。所以应该修筑河堤，紧紧约束河身，集中水流冲刷泥沙……总而言之，就是采取"筑堤束水，以水攻沙"的办法，解决黄河水患。

你看，这就是潘季驯治理黄河的基本理念。他认为造成灾害的根本原因是黄河里的泥沙太多了，所以治理黄河的关键在于处理泥沙问题。他反对用分流的办法治理黄河，认为绝对不能乱开口子，而是应该集中水流冲刷河底的泥沙，只有这样才能防止河床淤塞，保证河流畅通无阻。

潘季驯的治河思路和过去完全不一样，他不是"头疼医头，脚疼医脚"，动用大量人力物力去掘泥挖沙，而是遵循自然规律，巧妙地利用水流自身的力量带走泥沙，这要比人工挖沙有效得多。

当然，要做到"束水攻沙"，前提是有坚固的堤防。要不然怎么能够把凶猛的洪水挡住，让它乖乖地留在河道里，帮助人们冲刷泥沙呢？为此，潘季驯设计了一整套河堤防线，分为缕堤、月堤、遥堤、格堤。

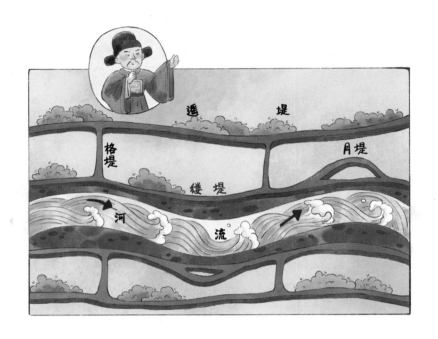

缕堤紧靠河岸，是用来约束河水、集中水流的主要大堤；月堤如半月状，修筑在一些重要地段，对缕堤或遥堤有保护作用；遥堤是设在缕堤后面的第二道防线，万一第一道防线失守，这里还能阻挡洪水；格堤则设在缕堤和遥堤（或缕堤与月堤）之间，可阻挡洪水横流。

潘季驯治理黄河的办法真好呀！他的治河理论对后世有着深远的影响。当然，他的理论可不是从天上掉下来的，而是集中了无数劳动人民的智慧，体现了中华民族面对自然灾害时不屈不挠的斗志！

"黄河安澜"的梦想

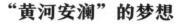

　　人与黄河的故事仍在继续，有美好和谐的一面，也有让人担忧的一面。新中国成立以来，在党和政府的领导下，一代又一代中华儿女不懈努力，想要实现"黄河安澜"的梦想。

　　正如我在前文中一次次提到的，要想解决黄河水患，首先要解决泥沙淤积的问题。从王景到潘季驯，历朝历代的有识之士都想解决这一难题。

　　那么，究竟该怎么治理黄河这几乎无穷无尽的泥沙呢？

　　现在，我国的水利工作者提出了最关键的一个字——"调"！

　　"悬河"、决口、断流……黄河引发的这些现象或危害都与河水中"水少沙多"的状况有关，调节好水与沙的关系，才能让黄河一直安稳地流淌。

　　不过，这事说起来简单，具体怎么做，可要好好设计一番。

　　数十年来，人们在党和政府的领导下，在黄河中上游通过退耕还林、退耕还草、人工造林等生态建设工程，有效缓解了黄土高原水土流失严重的问题，流入黄河的泥沙量逐年下降。根据1919年—1960年的资料统计，黄河多年平均输沙量达到16亿吨。而到了今天，我相信这个数字已经大大降低了。

　　除了在黄河两岸治理水土流失之外，人们还在黄河前行的道路上修建了一座座大型水利枢纽工程。从上游的龙羊峡、刘家峡，到中游的三门峡、小浪底等，一座座水库和大坝构成了一个完整的"调水调沙"系统。其中，调节泥沙的主要水利枢纽工程是小浪底。它就像一个大水盆，既可以拦截、蓄积上游来的洪水与泥沙，又可以利用排水系统人工制造洪峰，把下游河道中淤积的泥沙一口气冲走，可以说是现代意义上的"束水攻沙"。根据水利工作者的调查，这一系列调水调沙工程，使黄河下游主河槽的平均高程下降了许多。

　　真没想到，历朝历代难以解决的"悬河"，竟然要慢慢地"落地"了！

真没想到，昔日浑浊不清的黄汤汤，竟然变得越来越清亮了！

　　我坚信，随着社会的发展和科技的进步，黄河作为"害河"的一面会逐渐消失，这条古老而又伟大的河流将焕发勃勃生机，造福无数中华儿女。

黄河、淮河：说不尽的恩恩怨怨

　　说到黄河下游频繁决口的事情，我们就不得不提另一条大河——淮河。

　　曾经，淮河流淌在黄河与长江之间，有自己的支流和水系，独自流进黄海。形象地说，黄河、淮河、长江这几条大河，它们各有各的"地盘"（流域），从西往东流进大海，彼此"井水不犯河水"。

　　可是，由于黄河下游几乎都是平原，滚滚的黄河水一旦泛滥，就会造成大面积的洪灾。不仅如此，黄河还会挟带许多泥沙冲进其他河流，给那些河流造成严重危害。

　　我在前文中说过，黄河南岸一旦决口且不能及时堵住的话，泛滥的洪水就可能会侵占其他中小河流的河道，然后一路向前，最后进入淮河，使淮河出现大面积水灾。史载最早的黄河入淮，发生在汉文帝时期，《史记》中称"今河溢通泗"，意思是黄河泛滥进入泗水，泗水是淮河的主要支流之一。这次决口很快被堵塞，没有导致河道变化。我在前面讲过的瓠子河决口事件，也是"夺泗入淮"的情况，即黄河"夺"了泗水的河道，从泗水进入淮河。既然它能"夺"泗水的路，也就能"夺"涡水、颍水等黄淮平原其他河流的路，出现"夺涡入淮""夺颍入淮"等情况。北宋时期，黄河就曾多次泛滥决口，沿着泗水入侵淮河，但侵占淮河水道的时间不是太长，在人们的治理下，影响还不算太大。

后来，黄河由于沿着旧有的河道流了很久，下游河床泥沙淤积的情况越来越严重，导致多次在南岸出现决口。朝廷不得不花费大量人力、物力来治理黄河，盼着它重归故道。可往往刚治理好不久，黄河就又发生大规模决口。人们刚手忙脚乱地堵住这边，那边又出事了，真叫人头疼呀！

到了金朝和南宋初年，因战乱不断，黄河缺乏有效的治理，它入侵淮河的次数更多了。

宋高宗建炎二年（公元1128年），驻守开封的军队竟挖开河堤，想要用黄河水阻挡敌军南下，结果使黄河发生了一次重大的改道，河水泛滥，导致当地无数百姓受灾。那时候烽火连天，谁还管黄河啊！后果便是黄河长期侵夺淮河河道进入大海，使淮河成为天下最难治理的河流之一。

宋高宗画像

到了元代，南北大运河开始畅通，黄河和淮河之间的水运形势发生了变化。如果黄河北岸决口，将危及北方的运河通航，甚至导致大运河断航；如果黄河南岸决口，因为有泗水、涡水、颍水等河道作为缓冲，对大运河没有非常大的威胁。因此，元朝及后来的明、清两朝都采取措施防止黄河北岸决口，却没有过多地考虑阻止黄河向南泛滥。

自宋代开始，淮河经历了数百年被黄河侵夺河道的历史，到了清朝末年，它的命运又迎来一次重大转折。

咸丰五年（公元1855年）的一天，黄河发生大洪水，河水在铜瓦厢（今河南兰考西北）这个地方冲破大堤，形成了一次大决口。

这场洪水如同猛兽，横冲直撞，势不可挡，很快分成了三股，在平原上四处流淌。最后，三股水集中于山东，在当时寿张县的张秋镇穿过大运河这条南北伸展的"水防线"，又一口气冲进前面的大清河，最后在利津注入渤海。这开辟了一条新的河道，完全改变了黄河入海的路线。

清政府这时候内外交困——外有帝国主义入侵，内有太平天国运动和捻军起义，根本无力治理黄河，当然也对付不了这次决口后四处漫溢的洪水，更不可能让黄河重归故道了。

往后的几十年间，洪水在河南、安徽、山东等地泛滥，给当地百姓造成了极大的灾难。一直到光绪年间，朝廷才费了九牛二虎之力，让新河道稳定了下来。

　　这是黄河第六次大改道。这次大改道基本形成了今天我们看到的黄河下游河道，淮河则因此前数百年间被黄河屡次侵扰，下游河床普遍淤高，水系紊乱，完全失去了入海的通道，只好变了一个方向，往南汇入长江，随长江东流入海。

可怜的淮河遇到了黄河这个霸道的邻居……

地理知识我知道

"禹河"之谜

翻开《水经注》，你会看到在黄河下游平原上，有很多关于"大河故渎"的记载：

大河故渎又东，迳贝丘县故城南。

大河故渎又东，迳艾亭城南。

大河故渎又东北，迳灵县故城南。

这里的"故渎"是什么意思？

我查了一下字典，发现"渎"在古代汉语中有大川、大河的意思，也有沟渠、水道的意思。我认为，《水经注》中所说的"大河故渎"就是黄河故道，即黄河曾经流过的河道。

我在前面讲过了，黄河在下游地区容易决口，一旦决口就容易出现改道现象。黄河改道后，旧的河道慢慢干涸，留下的故道在平原上拱起，像是一道道小土梁子，成为特殊的风景。

说到黄河故道，最有名的当然是"禹道"了。

"禹道"也称"禹河",即"禹河故道"的意思,它是传说中黄河下游最古老的河床。在一些资料中,人们也称它"禹贡河",因其最早见于《尚书·禹贡》的记载。

1957年,我在北京大学工作。当时,学校把华北平原地貌调查的任务布置给我。而要研究华北平原的地貌,首先得把乱成一团的黄河故道整理清楚,也就是把一条条"故渎"梳理明白,其中最重要的就是传说中的禹河了。

要做这件事,我得先弄清楚几个问题。

第一个问题:禹河到底是什么河?

传说,它是大禹治水时开辟的,所以才叫这个名字。我在这套书中反复提到大禹"导河积石"(从积石山疏导黄河),大禹自积石以下疏导的黄河河道,就是禹河。虽然神话传说中可能会隐藏一些地理信息,但还不足以作为科学凭证。我结合历代学者的考证,大体得出一个结论:禹河是目前我们所知的、最古老的一条黄河故道;它是春秋战国时期,黄河改道以前流过的古老河床。

第二个问题:禹河到底在哪儿?

禹河的位置十分神秘。《尚书·禹贡》中说，很久很久以前，黄河绕过大伾山，向北流进大海。这是目前发现的古人对黄河下游流向最早的记载。可是《尚书·禹贡》中的描述非常含糊，学者很难从中搞清楚禹河流经的具体区域，导致后世对这条河道的详细位置众说纷纭。

有人认为，《汉书·地理志》中提到的"邺，故大河在东北入海"中的"大河"，指的就是禹河。也有人说，禹河是《史记》中记载的黄河"二渠"中的一支。而《水经注》中的"大河故渎"指的是一条叫"北渎"的河，也叫王莽河，一般认为它的入海口位置在今天的天津附近。

第三个问题：既然禹河如此神秘，我们现在还能找到它的痕迹吗？

地质工作者根据一本本古书的记载，配合现场考察和一些技术手段，大致能在地图上勾绘出不同时期的一条条老河床，特别是黄河由于下游泥沙含量较多，许多老河床都要高于地面，很容易辨认。然而要想找到禹河，却没有那么简单。

要知道，黄河在其下游地区尚未形成"悬河"

前，有一个漫长的发展过程。上古时期，由于生态环境较好，黄河的泥沙含量也少，不大可能在下游地区大量淤积，老河床很容易被后来的泥沙层层覆盖，人们很难把它从地下"揪"出来。

　　史茫茫，事悠悠，禹河古迹何处寻？

　　我做了很多努力，仍然没有找到禹河的确切位置。"禹河"之谜，看样子暂时无法破解了。我现在90多岁了，我寄希望于大家，希望你们日后能解开这个谜！

消失的湖群

现在，我常听人说，住在黄河中下游的人很羡慕住在长江中下游的人。

这是为什么？

有些人说了："你瞧人家长江边上，有那么多湖——洞庭湖、鄱（pó）阳湖、太湖，再加上江汉平原上那些数不清的大小湖泊，到处水汪汪的，还留下了'洪湖水，浪打浪''太湖美，美就美在太湖水'这样优美的歌儿。可到了黄河中下游，除了东平湖这个比较大的湖泊，就只有济南城里的大明湖、趵（bào）突泉了，压根儿就没有大湖的影子嘛！"

黄河边上当真没有大湖吗？

哎，你们可别灰心啊！我告诉你们吧，想当年黄河边上也曾经湖泊成群，一点儿也不输给长江。

水浒英雄们聚义的梁山泊算一个。"泊"在古代汉语中有水泽、湖泊的意思。梁山泊是个古湖泊名，在今天山东境内的梁山、郓（yùn）城、巨野一带。我在前面说过，北宋时期黄河南侧多次决口，河水灌入这一区域，使湖泊的面积逐渐扩大，怪不得《水浒传》中说："寨名水浒，泊号梁山。周回港汊数千条，四方周围八百里。"这可不全是夸张之辞。

梁山泊这么大，但还不是黄河边上的主要大湖。要想知道当年的情况，还得从古代文献中寻找线索。

真是不看不知道，一看吓一跳。想不到古时候黄河流域的湖泊有那么多！根据古书的记载，当时天下有"九薮（sǒu）"，也就是九个主要的湖泊。"薮"在古代汉语中是湖泽的通称。

这"九薮"到底是哪九个湖呢？虽然不同历史时期的人有不同的说法，但少不了黄河流域的湖泊。我仔细数了数，除了长江流域的具区（今太湖）和荆州的云梦（包括洞庭湖和江汉平原湖群的一个大泽），剩下的那几个大湖都在黄河流域。从黄河上游的雍州，到中下游的豫州、青州、兖州等，这些地方都有可以和具区、云梦相提并论的大湖，比如豫州的圃田、青州的望诸、兖州的大野等。

古代黄河流域有这么多大湖，《水经注》中当然也少不了大湖的身影。根据学者统计，《水经注》中提到的大小湖沼有130多处，大的方圆数百里，小的则方圆数里。让我们跟着郦道元一起去看一看吧！

《水经注》中记载：

（河水）至于大陆，北播为九河。

这儿说的"大陆"，不是指一大片陆地，而是一个叫"大陆"的湖泊——大陆泽。

大陆泽是一个非常大的平原湖泊，水域非常开阔，在河北平原西部。秦汉时期，大陆泽南北长约60公里，东西宽约20公里。到了元明时期，大陆泽虽然较以前缩小了很多，但仍风景如画，有许多文人雅士到这里游览，留下了很多脍炙人口的诗文。有几句诗是这么写的：

> 汪洋千顷势何雄，九水同归一泽中。
> 波静天光分上下，浪翻地影失西东。*

这几句诗生动描绘了大陆泽形成的历史和广阔、秀美的自然环境。

大陆泽面积大，水量自然也很大，除了古黄河泛滥聚集在洼地里的水，还有许多大大小小的河流注入。因为这里是像碟子一样的浅洼地，地势非常平坦，所以湖水很容易向四周漫溢，淹没周围的原野。特别是在雨季，湖水上涨，一眼望去，茫无涯际。

可我们现在为什么找不到这个大湖了呢？主要是因为黄河。

本来，大陆泽的水是由太行山上流出来的水与黄河水汇聚而成的，但是，黄河像一个不安分的孩子，不肯老老实实地往前流，河道总是变来变去的，离大陆泽越来越远，而且北魏以后，来自太行山的一些河流发生了改道，不再注入大陆泽。这样一来，流入大陆泽的水越来越少，昔日一眼望不到边的大湖逐渐缩小。

---

* 节选自【清】李京《大陆澄波》。

大陆泽甘心这样默默地消失吗？

当然不甘心了！它还一度"起死回生"呢。北宋时，古黄河分成了两股，宋徽宗大观二年（公元1108年），北边的那一股在邢州决口，滚滚洪流重新涌进这个垂死的湖泊。唉，可惜那时候的黄河已经和从前的黄河不一样了。由于上游环境遭到破坏，河水带来大量泥沙，逐渐把大陆泽淤塞，一个完整的湖泊被分成了两半——南边的那半还叫大陆泽（就是前文诗歌所赞颂的水域），北边的那半则被称为宁晋泊。

到了清代后期，大陆泽逐渐干涸。1963年后，大陆泽和宁晋泊建为蓄滞洪区，区内开辟了农田，并建有许多村落。

圃田泽和大野泽

除了大陆泽，《水经注》中还描写了另外两个古代大湖：一个是圃田泽，另一个是大野泽。

《水经注》中这样描写圃田泽：

东西四十许里，南北二十许里，中有沙冈，上下二十四浦，津流径通，渊潭相接。

请注意，这里的"浦""渊""潭"等称谓，都有水流聚集处的意思；其数量很多（二十四浦），则说明这是一个规模较大的湖泊群。

传说在战国时期，人们在开凿鸿沟时，就将黄河水引入圃田泽，又从圃田泽引水进入鸿沟，"水盛则北注，渠溢则南播"（湖水涨的时候就向北流，渠水满了就向南泄）。它北通黄河，东连济水、鸿沟，成了一个能调节河水流量的天然水库。

不过，因为泥沙淤积日益严重，这里的地势越来越高，原本注入湖中的河流纷纷改道，再加上后来人们在这里大规模开垦耕种，圃田泽逐渐消失，最后变成了平地。

大野泽又叫"巨野泽"，今天山东的巨野县就是由此而得名的。郦道元在《水经注》中专门记载过它："巨野湖泽广大，南通洙、泗，北连清、济，旧县故城正在泽中……"

这个大湖距离黄河较近，地势比较低，一旦黄河泛滥，河水就会涌进来。汉朝时，黄河决口，大量洪水注入大野泽，把当时的城市和乡村都淹没了，所以《水经注》中才说"旧县故城正在泽中"。

宋朝时也出现过黄河水注入大野泽的情况，湖水向北漫延，成为梁山泊的一部分，留下了很多脍炙人口的故事。

大野泽和圃田泽的命运差不多，黄河水多次灌注它，带来大量泥沙，如此日积月累，逐渐将这个大湖淤平。再后来，黄河改道，梁山泊失去了黄河水源，再加上人们的开垦，昔日壮观的大湖渐渐地变成了农田，所剩的只有东平湖（在今山东泰安）了。

冬日凌汛

　　黄河是我国北方的大河，到了冬天，因为天气寒冷，所以很多河段会封冻结冰。

　　料峭的寒冬，滔滔黄河仿佛凝固在北方大地上。可平静的冰面下，河水仍积蓄着巨大的力量。我在这一章要说的是一个与黄河封冻有关的特殊的自然现象——凌汛（língxùn）。

　　什么是凌汛？《水经注》中虽然较少描写这种自然现象，但它却在黄河下游经常发生。

　　"汛"指的是河流由于流域内季节性降雨或融冰、化雪等引发的定期涨水现象，简言之就是河水忽然变多了；"凌"有冰的意思，它与"汛"连用，特指冰凌堵塞河道，导致河流的水位忽然升高。

　　为什么黄河会发生凌汛呢？请听我慢慢道来。

　　黄河的河道弯弯曲曲的。纬度更高、更北边的河道，由于平均气温偏低，总是先结冰，在来年春天缓慢

融化。在黄河自
南向北流的河
段，有可能会出
现这样的现象：
严寒的冬天过去
了，春回大地，
上游的冰开始融

黄河凌汛易发河段示意图

化，破碎的冰块随着水流一起向下游流淌，可下游的河道更靠北边，此时那里还没解冻呢。结冰的水就像一个大塞子，紧紧地塞住了河床。上游的水流和碎冰来到这儿，被"冰塞子"堵住，冰层不断堆积，水位也不断升高，对两边的堤坝造成很大的压力。如果这一年气温回升迅速，那水势就会非常猛，甚至可能导致决堤，造成自然灾害。

黄河下游从郑州花园口到入海口这一段凌汛现象比较严重。咸丰五年（公元1855年）黄河在铜瓦厢决口改道后，由于战乱等原因，黄河在河南、山东等地毫无约束地游荡了好多年，凌汛肆无忌惮，几乎年年成灾。特别是在光绪九年（公元1883年），史书记载"（黄河）沿河十数州县因凌汛大涨，漫口林立"，给当地百姓带来深重的灾难。1929年，凌汛所引发的洪水淹没了当时利津、沾化、无棣等地许多村庄。资料中记载，当时水势浩荡，碎冰堆积如山，附近村庄成了一片汪洋，房屋倒塌无数，损失的财产难以计数。

新中国成立后，人们一直采取各种措施防治凌汛，比如通过天气预报提前判断凌汛易发河段，加固大堤；通过蓄水、分流的措施减缓水位的上升，减轻河堤的压力。现在科技更进步了，气象部门和水利部门会根据卫星监测的结果，对即将形成或者已经形成的"冰塞子"进行爆破，以便上游来的水和冰顺利往下游流淌；还有的地方会利用破冰船破冰，打通河道。在黄河上游的刘家峡、中游的小浪底等一系列水利枢纽工程建成后，凌汛现象已经得到了有效控制，很少引发大的灾情了。

地理知识我知道

黄河"四汛"

黄河一年四季有"四汛",分别是伏汛、秋汛、凌汛和桃汛。

凌汛发生在冬春之交,冰凌融解之时,这个我在上文中已经详细介绍过了。

伏汛发生在每年的6月至9月(以7月上旬到8月上旬最甚),是黄河的主汛期;秋汛发生在每年秋季。两者都发生在黄河流域降水十分密集的时候,因此也被合称为"伏秋大汛"。

桃汛又称桃花汛、春汛,一般发生在春季,指的是冰雪融化造成的河水暴涨现象,由于恰逢桃花盛开的季节,古人便给它起了"桃花水"这个富有诗意的

名字。郦道元在《水经注》中记载："至三月，桃花水至则河决，以其噎（yē）不泄也。"意思是到了春天，桃花水来了，引发河水决口，这是因为河道被堵塞导致河水不能下泄。

有时，桃汛之水来自凌汛融冰，但两者也有不同。前者是因为冰雪融化导致的河水暴涨及水患，后者则是因河冰堵塞了河道造成的水患。

河南"双城记"
——郑州与开封

　　我们读着《水经注》，跟着郦道元来到了黄河下游，走啊走啊，看了这么多山山水水，是不是还漏掉了什么？

　　我仔细一想：哦，原来漏掉了黄河下游两个重要的城市——郑州和开封！

　　这不怨郦道元，因为在他生活的北魏时期，这两个城市还没有完全形成。不过，《水经注》中虽然没有明确写下"郑州"这个地名，却详细记载了郑州周围的许多地方。比如我在前面提到过的荥阳、成皋（虎牢关所在地）等，都在今郑州市西北不远的地方。除此之外，在《水经注》中，郦道元还提到了"垂陇城""宅阳城"等，也都在现在的郑州市附近。

　　由此可见，虽然当时还没有郑州，但这一带一直都是人类活动十分频繁的地方，留下了许多历史遗迹，著名的"郑州商城"就是其中之一。

此处的"商城"可不是一个热闹的大商场，而是一座"商代古城"的遗址。

20世纪50年代，考古工作者在郑州市偏东部的郑县旧城及北关一带，发掘出一座长方形的古城，有城墙、宫殿区、居民区、墓葬区，还有制作铜器、陶器、骨器的作坊等。考古工作者最后断定，它出现的时代比有名的安阳殷墟（就是最早发现甲骨刻辞的地方）还要早，距今大约3600年，是商代早期的一座都城。

话说周朝取代商朝后，周武王把管地（在今郑州市

郑州商城遗址

管城回族区一带）封给了他的弟弟，建立了管国。春秋初期，郑武公迁都到新郑（在今郑州南部的新郑市），国势日盛。后来，韩国灭亡了郑国，也将新郑作为国都。前后算起来，新郑做了数百年诸侯国的国都。楚汉争霸的时候，汉王刘邦进占洛阳，设立了河南郡，新郑、成皋、故市（在今河南荥阳市东北）、中牟等地都属于河南郡。

到了魏晋南北朝时期，战乱不断，郑州一带遭到严重破坏，日益衰败。北魏统一北方后，将这一带称为北豫州，之后的北周又将北豫州改为荥州。公元583年，隋朝将荥州改名为郑州，这里从此成为黄河下游一个很重要的行政区域。

历史悠久的郑州在近代也是一个非常出名的地方，这和铁路脱不了关系。

清朝末年，清政府计划修建一条从卢沟桥到汉口的铁路——卢汉铁路。这条铁路从北向南，需要在黄河上建一座大桥才能通行。工程人员经过勘测，最后决定在郑州修建铁路大桥。

1903年9月，郑州黄河铁路大桥开工，一直到1906年4月才通车。随即，卢汉铁路全线通车，后来更名为京汉铁路，新中国成立后成为京广铁路的一部分。

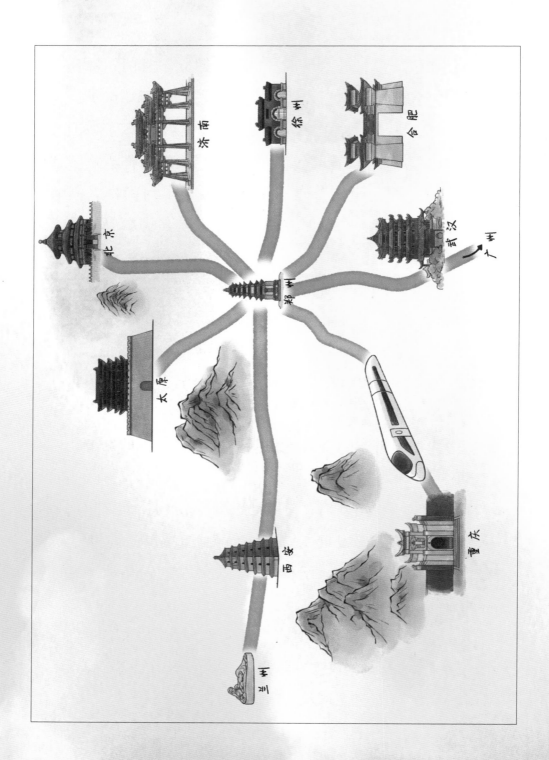

郑州黄河铁路大桥被称为"中国铁路桥梁之母",它是人们在黄河上修建的第一座铁路桥,有着十分重要的意义。

从北京到广州的京广铁路是一条南北走向的交通大动脉,从江苏省连云港到甘肃省兰州市的陇海铁路是一条东西走向的铁路线。这两条铁路线一纵一横,穿过祖国大地,郑州就位于它们的交叉点上。在铁路的带动下,郑州及周边地区的经济迅速发展。

现在的郑州,已经建成了"米"字形铁路枢纽。除了我上面提到的京广铁路、陇海铁路,国家还在这儿建设了通向济南、太原、万州、合肥等地的铁路,真的是四通八达啊!

虽然那座古老的黄河大桥已经在1988年被拆除了,郑州附近早就建起了更先进的黄河大桥,但人们没有忘记那座老桥,还留下部分桥梁作为文物,让它们继续见证中华民族的伟大复兴!

过了郑州再往东走,河南境内黄河沿岸的另一座重要的城市——开封就到了。开封距郑州几十公里,开车走高速公路一个小时左右就到了。两者在经济、文化和历史上有千丝万缕的联系,所以有人称这两座城市是河南省的"双子城"。

开封最著名的经历就是曾经做过北宋的都城，当时它被称为"东京汴梁"，十分繁华。北宋画家张择端创作的《清明上河图》，栩栩如生地刻画了当时的城市风貌，包括商贩、农夫、工匠、艺人等各阶层居民，规模宏大，场面非常壮观。不过，郦道元不知道北魏以后发生的事情，还是让我给他补充一下吧！

我们要想好好地认识开封，首先得了解一个很有趣的关于开封的历史文化现象——"城摞（luò）城"。

"摞"是什么意思？就是把东西从下到上重叠放置在一起嘛！我们见过书摞书、碗摞碗、袋子摞着袋子，可没见过好多座城摞在一起的，这是怎么回事呢？

这一切，要从1981年的春天说起。

那一年，有关部门在清理一处湖泊淤泥的时候，意

外地发现湖底竟露出了一个屋顶。

咦，这是怎么回事？经过考察，专家确认这个屋顶所在的建筑是一座明朝的王府。考古工作者接着挖下去，又挖出了北宋时期的宫殿遗址。

就这样，经过不断发掘，考古工作者挖出来的东西越来越多，竟然接连发现了多处古代遗址，从上到下依次属于清朝的开封城、明朝的开封城、金朝的汴京城、北宋的东京城、唐朝的汴州城，最下面还有战国时期魏国的大梁城（魏国的都城大梁就在开封），形成了一道"城摞城"的奇特景观。

其中，北宋东京城的遗址在地下数米深的淤泥下面。大家要想见识一下宋徽宗的宫殿、包公判案的开封府衙门，都得从淤泥里慢慢地挖才成。

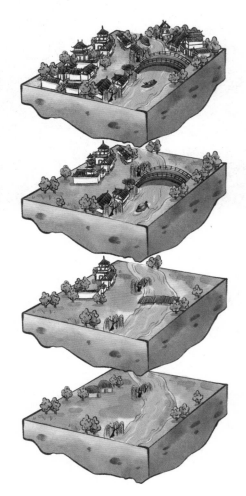

这还不算稀奇呢，之后考古工作者发现了地下更多文明古迹。谁也没想到，在今天开封市一些热闹的街道下面，就是北宋东京城的街巷，其间还夹着明朝和清朝修筑的大街。在城边挖出来的早期马道下面，还有两条更古老的马道，形成了"路摞路""马道摞马道"的奇观。此外，考古工作者还发现了北宋东京城的外城、内城、皇城数道城墙和皇家园林金明池等许多古迹。

至此，一代代开封人流传的一句话——"开封城，城摞城，地下埋有几座城"，终于被证实是真的了。

然而，为什么开封会有"城摞城""路摞路"的奇特景观呢？说到底，都是黄河泛滥造成的。

我们一路跟着郦道元走来，你会发现古代很多城市的诞生、成长、繁荣，都与黄河有着直接而密切的关系。如果说其中哪座城市表现得最明显，那就非开封莫属了。开封地处黄河南岸，隋唐时期，大运河的开通让它的历史地位得到极大提高。北宋时期，开封走向极盛。

然而北宋之后，开封逐渐没落，这主要是因为黄河决口。其中既有自然的黄河决口，也有战乱时期防守的一方故意挖断河堤，使河水泛滥淹没城池。比如明朝末年，朝廷为了阻挡起义军，在开封附近挖堤制造决口，滚滚黄河水淹没了整座开封城。* 据说，当时全城只露出大相国寺的宝塔的塔尖和钟鼓楼等少数建筑的屋顶，数十万人失去了生命。洪水退后，大量泥沙淤积，使地面升高。据史料记载，从1194年（金章宗明昌五年）到1938年，黄河在开封境内决口数百次，河道多次发生大的改变，开封城被洪水围困十几次，其中数次遭受灭顶之灾！

尽管如此，开封仍是黄河沿岸一座非常重要的城市。这里水运便利，所以即使它多次被泛滥的河水淹没，人们还是选择在被泥沙掩埋的旧城之上重建家园，

---

* 也有研究者认为双方都有损堤的行为。

于是出现了"城摞城"的奇特现象。

人们常说:"黄河泛滥两千载,淹没开封几座城。"这话一点儿也不错!

新中国成立后,开封迎来了新生。随着社会发展和科技进步,开封居民再也不用担心家园被黄河淹没了。

现在,开封与郑州区划相邻、山水相依、互相吸引,走上了"一体化"和"同城化"的道路。这两座黄河沿岸的重要城市开启了一个合作共赢的新时代!

在东京汴梁逛夜市

假如你"穿越"到北宋繁华的都城——东京（也就是现在的开封），你想去做什么呢？如果是我的话，那我一定会去逛夜市！东京的夜市在历史上可是大名鼎鼎的！

"民以食为天"，在东京逛夜市，最开心的就是能品尝很多好吃的东西！有一本古书叫《东京梦华录》，书上记录了当时东京夜市的美食，有水饭（粥的一种）、熬肉、干脯，还有鹅鸭鸡兔、肚肺鳝鱼、包子鸡皮，大部分物美价廉，"每个不过十五文"。还有很多可口的食物，比如砂糖冰雪冷元子、水晶皂儿、药木瓜、甘草冰雪凉水、荔枝膏、杏片、梅子姜、香糖果子等，无不让人垂涎欲滴。从街头走到巷尾，肚皮都要撑破了！

吃完好吃的，再去娱乐一下吧！"瓦肆勾栏"是最好的去处。"瓦肆"又称瓦子，是娱乐场所集中的地方；"勾栏"是设在瓦肆中的主要演出场所，就像戏台，最大的可容纳数千人。

瓦肆中的娱乐项目很多，我们可以先去听说书。说的内容有历史故事，比如三国时期的历史，也有一些传奇故事、公案故事等。说书人通常技艺高超，能把人说到哭、说到笑。

听完说书，我们再去看傀儡戏和影戏。傀儡戏就是木偶剧，艺人用细线或木棍操纵傀儡表演，表演内容从帝王将相到神仙传奇，种类很多。影戏也叫"灯影戏"，艺人用灯光照射兽皮等制成的人物剪影，配上音乐，表演一些小故事，很有感染力。

这里还有魔术、马戏、口技、相扑等表演，一路走一路看，让人眼花缭乱。

要是赶上上元节（元宵节）前后，那就更好看了！不论是皇家还是民间，都会制作各式各样的花灯。夜幕降临后，花灯高悬，人们提灯巡游，东京城成为灯的海洋。一些大户人家或者宫廷会制作巨大的灯山，灯山上设置多种机关，再缀上无数彩灯，如同漫天星斗，美不胜收。

怎么样，东京的夜晚是不是很美？这是北宋经济文化繁荣的一个缩影。东京地处黄河下游水陆交会地带，不仅是北宋的都城，还是当时水上交通运输的枢纽，因此吸引了大量贵族、官员、商人、手工业者和艺人，形成了繁华的商业中心。现在，我们可以去开封看一看清明上河园、大相国寺、天波杨府、开封府等景点，感受一下北宋社会生活的风韵！

明人绘《明宪宗元宵行乐图》（局部）

"泉城"济南

　　黄河过了开封，继续向东流去。它这一路，流过了甘肃省会兰州、宁夏回族自治区首府银川、河南省会郑州，来到了它流经的第四个，也是最后一个省会城市——济南。

　　郦道元年轻的时候，跟随父亲到过济南，那儿的山川河流给他留下了深刻的印象，所以他在《水经注》中非常生动地描述了当时济南的风光。

　　现在，我想问你一个问题："济南最有名的地方是哪里啊？"

　　去过济南的小读者可能会说："当然是济南的三大名胜——大明湖、趵突泉和千佛山呀！"

　　没错，郦道元也着重介绍了这些地方。他在书里从济水和泺（luò）水的位置说起：

　　济水又东北，泺水入焉。

　　"济水"是一条古河流名，今天已经成为黄河的一部分，"济南"就是济水之南的意思。一般认为，济水发源于现在的河南省济源市，后来由于黄河改道，占据了它的河道，济水就消失了。哎，你别看它已经消失了，但是留下了一连串跟它有关的名字——济南、济源、济阳、济宁等。

　　再说说另一条河——"泺水"。泺水也是一条古河流的名字，发源于现在的山东省济南市，往北流到泺口，注入济水。

　　"泺"在古代汉语中有湖泊的意思。我们熟悉的一百单八英雄聚义的地方——梁山泊，也叫"梁山泺"。从命名上看，泺水这条河是和湖泊分不开的。原来，从"天下第一泉"趵突泉流出来的水汇成河流，古人称之为"泺水"，趵突泉泉群则被称为"泺源"。

　　春秋时期，齐、鲁两国的国君——鲁桓公和齐襄公曾在泺水岸边会盟，这段历史被记载在《春秋》中——"公会齐侯于泺"。

　　《水经注》中描写趵突泉：

　　（泺）水出历城县故城西南，泉源上奋，水涌若轮。

你可以想象一下：泉水向上跳跃，形成水柱；涌出水面的水柱落下来，水波往周围散去，圆圆的波纹像一道道车轮。郦道元用几句话就把趵突泉的景象和气势描绘得清清楚楚了。

到了宋代，人们用"趵突"二字形容这处泉水。"趵突"就是跳跃、奔突的意思，反映了趵突泉喷涌不息的特点。济南有个著名的景观，叫"趵突腾空"，可见趵突泉喷涌出来的水有多高！

问题来了：趵突泉为什么能向上喷涌呢？

还是让我这个地质队员告诉你答案吧！

趵突泉的喷涌与济南及其周边的地质构造有关系。济南南面是山区丘陵，北面是黄河和平原，它恰好位于山区和平原的交界处。山区下的

趵突泉，
我来啦！

岩石是石灰岩，有很多裂隙和洞穴，能够储存和输送地下水。地下水顺着石灰岩岩层流向济南，碰到了平原下的岩浆岩。岩浆岩可不像石灰岩那么"好说话"，它是由高温岩浆冷凝固结而成的，结构严密，像一堵墙把水流挡住了。被阻挡的地下水越来越多，凭借强大的压力，从地表的裂隙中涌出地面，形成了上升泉。

除了泉水，《水经注》还说：

城南对山，山上有舜祠，山下有大穴，谓之舜井。

城南的这座山，古称历山。隋朝的时候，人们在这座山的崖壁上雕刻了许多佛像，后来就改叫千佛山。这里有"舜祠""舜井"，说明济南跟上古时期的舜帝有一些关系。《史记》中记载："舜耕历山。"也就是说，舜曾经在历山耕种，因此人们在这里建祠纪念他。

传说，舜年轻时，受到尧帝的欣赏和信任。尧帝把自己的两个女儿——娥皇、女英嫁给了他。舜继承帝位数十年，在一次去南方巡游的时候，突发重病去世。娥皇和女英知道后，泪如雨下。她们的泪珠落到地上，化作趵突泉和珍珠泉。

舜帝画像

说完趵突泉和千佛山，接下来我要说的是济南三大名胜的最后一个——大明湖。

说起大明湖，大家一定不要忘了一句话：

四面荷花三面柳，一城山色半城湖。

这是清代文人写济南风光写得最妙的一副对联，这里的"湖"自然就是大明湖了。《水经注》是这么介绍大明湖的：

其水北为大明湖，西即大明寺，寺东北两面侧湖，此水便成净池也。池上有客亭，左右楸桐，负日俯仰，目对鱼鸟，水木明瑟。

郦道元只用三两句话，便把大明湖幽静秀丽的景色描绘了出来。其中，他特别提到了湖上的"客亭"，据说那是当时官府修建的用来招待宾客的地方，也就是后来大名鼎鼎的济南历下亭。

历下亭坐落在大明湖中最大的湖心岛上，是古往今来会客、宴饮、赏景的好去处。唐代大诗人杜甫曾来到这里，留下了"海右此亭古，济南名士多"的诗句。

大明湖里的水是由济南城内的珍珠泉、孝感泉、芙蓉泉等多处泉水汇集而成的。大明湖是天然形成的湖泊，面积很大，也是非常少见的泉水湖。郦道元说"泉源竞发"，由此你可以想象泉水有多少了。所以，济南也被称为"泉城"。人们用"家家泉水、户户垂杨"形容济南，真是太贴切了！

消失的济水

我在前面说过，"济南"这个名字与古代的济水有关，有"济水之南"的意思。济水是古代一条大名鼎鼎的河流，它和黄河、长江、淮河一起，被称为"四渎"。这是四条可独自流入大海的河流。

可是，我们现在翻开《中国地图》，却看不到济水这条河了，这是为什么呢？

根据古书的记载，古济水分为两部分，一部分发源于河南省的王屋山，下游河道多次变迁，在汉代汇入黄河；另一部分则是黄河分出的一条河，被视为济水的下游。到了《水经注》成书的北魏时期，济水又分成"南济"和"北济"两条河，流经今天的河南省和山东省。其中南济水贯穿河南来到山东，在今天的菏泽市附近形成一个湖泊——菏泽。

之后，南济水继续向东北流，注入巨野泽，也就是我在前面介绍过的大野泽，最后经过今天济南市的泺口后，一路奔向渤海。

南北朝时期的济水示意图

　　济水的消失与黄河的长期泛滥有关。黄河在下游频繁改道，常常侵占济水的河道，并带来大量的泥沙，很容易堵塞河道。巨野泽以上的济水河道，在隋代就被彻底淤平了；巨野泽以下的济水河道，由于有汶水等河流的补充，依然存在，但是因为它和原来的济水已经没有太大关系了，后来就逐渐改叫"清水""大清河"等名字。

　　1855年，黄河在铜瓦厢决口，造成第六次大改道。黄河由原来的"夺淮入海"改从山东境内"夺大清河入海"，闯出了一条新的入海路线。

　　济水及其支流附近有丰富的文化遗存，可见在古代，这条大河哺育了千千万万中华儿女。

济南大明湖

油田与油城

我们跟着黄河一路前行，终于要看到大海了！奔流了5000多公里的黄河，它的旅程快要结束了。

很久很久以前，在黄河的入海口，到处是荒凉的野地，满目是低平的滩涂。除了泥沙和海浪，我们只能看到一些零零星星出海打鱼的人的影子。

传说，唐太宗当年跨海东征的时候，曾经在这里安营扎寨，留下了两座军营——东营和西营。明朝洪武年间，当地人建立了东营村。古代这里发展得最好的时候，也就是一座普普通通的海防哨所。

潮水不停地拍打着岸边，咸水悄悄地浸入土地，生成了一片白花花的盐碱地，压根儿就没法种庄稼。如果不是守卫边疆，谁会注意这个贫瘠的角落呢？

然而，这一切都被我们现在再熟悉不过的一种能源——石油改变了。

想当年，一些外国人来我国勘探、考察后，认为我国没有出产石油的地质条件，散布中国"贫油"的言论。那时候，我们要从国外进口大量的煤油、汽油，它们不仅价格昂贵，还常常供不应求，老百姓只能任由盘剥。新中国成立后，地质工作者不辞辛劳，终于发现了著名的大庆油田，这大大鼓舞了中国人民。

除了大庆油田，在咱们的土地上还有别的大油田吗？一支支石油勘探队奔赴祖国的四面八方，寻找新的目标。华北石油勘探处的两个钻井队，就带着这样的任务，转战河北、河南、山东等地，勤勤恳恳地为祖国寻找石油。他们一步步向东勘查，最后落脚在黄河三角洲上。

1961年4月16日，请记住这个日子。

这一天，一支石油地质勘探队在东营村附近打出了第一口勘探井，首次发现了工业油流，日产原油8.1吨。地质队员和钻工们看见浓浓的原油喷出管口，不禁欢呼雀跃。根据勘探结果可知，这里的地底下还隐藏着更加

丰富的含油地层，可以打出更多的石油。人们为一个新油田的诞生而奔走相告！

1962年9月23日，又是一个重要的日子。

这一天，在命名为"东营"的地质构造上，一口编号为"营2井"的钻井打出了日产555吨的高产油流，这是当时全国日产量最高的一口油井。国家决定在这里建厂，并取名为"九二三厂"。

从一口油井到一个工厂，这是一个极大的飞跃！这意味着，我们已经从寻寻觅觅的勘探，转入实实在在的生产了。

时间又到了1965年1月25日，这一天，在命名为"胜利村"的地质构造上，一口编号为"坨11井"的钻井发现地下蕴藏着非常厚的油层，可日产1134吨！人们用铁一般的事实，骄傲地向世界宣布，这里发现了一个巨大

的油田。

给它取一个什么名字好呢？由于该油井位于胜利村一带，为了纪念这次石油会战取得的巨大胜利，1971年6月11日，"九二三厂"更名为"胜利油田"*。

油田开始生产了，越来越多的人从四面八方来到这里。最初围绕着会战指挥部，人们建立了一个小小的"部落"，那时它还没有正儿八经的名字，大家顺口叫它"基地"。后来，这个基地越来越大，一个崭新的城市出现了，它就是——东营。

"东营"这个名字，既包含悠久的历史，也孕育着向上的、新生的力量，真是再合适不过了！

你好，胜利油田！

你好，获得新生的东营！

---

* 目前，胜利油田工作区域分为东部油区和西部油区。东部油区主要分布在山东东营、滨州、德州等地，主体部分位于东营市；西部油区分布在新疆、青海、甘肃、宁夏4个省（自治区），涉及多个盆地，主要工区位于准噶尔盆地。截至2022年底，共探明石油地质储量近58亿吨，天然气地质储量2700多亿立方米。

地理知识我知道

石油的形成

石油被称作"工业的血液"，是现代社会不可或缺的一种能源和化工原料。

我们沿着黄河一路走来，已经发现了不少油田。它们是怎么形成的呢？

其实，对于这种神秘的能源是如何形成的，学术界至今还没有定论。有学者认为，石油是有机物质在地下经过长时间的压力和温度作用形成的。这些有机物质包括陆生和水生的动物、植物。它们的遗骸同泥沙及其他矿物一起，在低洼的浅海、海湾或湖泊中沉积下来，首先形成有机淤泥，有机淤泥被新的沉积物覆盖，形成与空气隔绝的环境，然后经过漫长的年代，才形成石油。

那么，在黄河边发现的这些石油，会不会与黄河有关系呢？

这就不好说了，毕竟石油都是在几百万年以前形成的，那时候黄河存不存在、发展到什么程度、河道在哪里，目前都很难确定。

不过，可以肯定的是，石油与河流的确存在一定的联系。河流作为地球表面的水流系统，可以将有机物质搬运到海洋或湖泊中聚集、沉积起来，从而为石油等化石能源的形成提供必要的条件。

总之，黄河与其流域内发现的油田到底存在什么关系，还需要进一步的科学探究。

奔腾入海

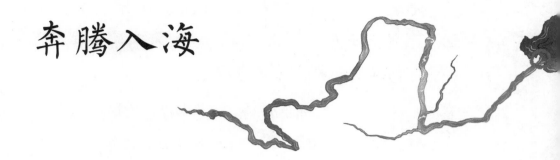

　　沿着东营继续往前走，就是黄河入海的地方了。

　　黄河走了这么久，该在海边歇歇，然后投入大海的怀抱了。

　　那么，黄河"歇"在什么海的海边呢？

　　这我可就说不清了。因为黄河的历史可以以万年甚至十万年为单位计算，仅仅在有文字记载的数千年时间里，它就经历了很多次改道，"歇脚"（入海口）的位置也在不断发生变化。古黄河曾经"歇"在今天的天津一带，注入渤海；明清时期黄河"夺淮入海"，占用了淮河的河道，在今天的江苏北部注入黄海。

　　现在，还是让我们跟着郦道元的脚步，一起去看看这条大河的终点吧！

　　《水经注》中记录了黄河入海口改变的情况，书中特别提道：

河之入海，旧在碣石，今川流所导，非禹渎也。周定王五年，河徙故渎。……又以汉武帝元光二年，河又徙东郡，更注渤海。

大意是说，黄河原先在一个叫碣石的地方注入大海，但现在（北魏时期）它流经的地方，已经不是大禹时期的旧河道了。周定王五年（公元前602年），黄河改道。汉武帝元光二年（公元前133年），黄河又一次改道，在东郡注入渤海。

现代学者根据相关记载推测，在郦道元生活的时代，黄河入海口所在的位置也在今天的东营境内，最终注入渤海。《水经注》中的记载对我们今天研究黄河的历史有很大的参考价值。

《水经注》里还有一段记载，说黄河入海口处有一条"长丛沟"，黄河从这里"东流倾注于海。沟南海侧，有蒲（pú）台，台高八丈，方二百步"，接着还说：

秦始皇东游海上，于台上蟠蒲系马，至今每岁蒲生，萦委若有系状，似水杨，可以为箭。今东去海三十里。

这段话讲述了秦始皇的一个故事：海边有一个"蒲台"，秦始皇东游时，曾经在台上把蒲柳盘结起来拴马，直到现在（北魏），每年蒲柳长出来以后，还是弯弯曲曲的，好像拴过什么似的。

值得注意的是，《水经注》中说秦始皇来这里是"东游海上"，但到了北魏时期，"蒲台"距离海边已经有30里了，这反映了黄河三角洲不断伸展的现象。

黄河三角洲为什么会不断伸展呢？原来，黄河入海前的一段河道，被称为"黄河尾闾（lú）"，指的是黄河入海的最后通道。河口的地势低平，黄河流到这里，水势也变得非常平缓，水的流速一下子降低了，搬运不动泥沙，以致大量的泥沙淤积，阻碍了水流的前进。河水不能往前流，不得不开辟新的河道。

历史上，黄河在这里经常左右摆动，泥沙到处淤积，在河口形成了一个水流复杂的三角洲。古代的三角洲和新形成的三角洲相互重叠，使这里既有废弃的河床、牛轭湖，也有新形成的小洲、沙坝等。

现在的黄河三角洲，面积5400多平方公里，地势西面高、东面低，与黄河入海的方向一致。由于黄河每年都会带来很多泥沙，所以黄河三角洲的面积还在不断扩大。这里的地下蕴藏着丰富的石油、天然气资源，是胜利油田的主要产油区。

有人要问我了："这么宽阔的三角洲，是种庄稼的好地方吗？"

答案是肯定的。古老的黄河三角洲上有许多农田，可以种粮食，也可以种瓜果。但是越往海边走，可供种植的区域就越少，到最后完全消失了。

有人接着问："为什么会出现这样的情况？是不是土质变差了？"

不，土质还是那个土质，依旧是黄河冲来的泥和沙，但是水质出现了问题。

原来，大海涨潮的时候，海水会倒灌进河口，浸没海边的土地，如此日复一日、年复一年，良田变成了盐碱地。咸得发苦的海水蒸发后，在地上留下一片片白色的盐斑，瞧着非常古怪。这样的地方，当然不可能种庄

一眼望不到边啊……

稼了。

　　不过，这片盐碱地并非百无一用。瞧，远处整整齐齐排列着一座座雪亮的"冰山"，在阳光的照射下发出耀眼的光芒。"山脚"下还有一个个四四方方的浅水池，映衬着"冰山"的影子，显得更加奇特。

　　这真的是"冰山"吗？当然不是。仔细观察，你就会看到那些低矮的"山坡"上，堆满了粗大的白色结晶颗粒。原来，这里靠近大海，人们便把海水引进来晒盐，建立了海滨盐场。那些"冰山"就是盐山啊！

　　有的小读者说："海边到了，我们已经可以望见大海的身影了！到海滨浴场去游泳，躺在沙滩上晒太阳，该有多惬意呀！"

哎呀，你想多了！如果我们真的跑到海边，只能瞧见一排排波浪拍打着海滩，发出"哗啦哗啦"的声响，吐出白色的浪花，哪有什么沙滩、游客的身影呢？

这可真奇怪——海边怎么会没有像样的沙滩呢？

你去问问黄河吧！它从中游、下游带过来那么多泥沙，到了这里全都变成了湿漉漉的泥巴。你喜欢在泥地上打滚儿吗？我可不喜欢！

与水相关的一些汉字

　　黄河三角洲的"洲"在古文中的解释是"水中的陆地"。在跟随郦道元一起探索黄河的旅途中，我们认识了很多与水有关的汉字。

zhǔ

渚

　　除了"洲"之外，用来形容水中陆地的还有"渚"。古人认为："水中可居者曰洲，小洲曰渚。"也就是说，水中的小块陆地才叫渚，像黄河三角洲这么广阔的地方当然只能叫"洲"了。

jīn

津

　　此外还有"滨、浦、津"，都是用来形容水边的，不过它们的意思不尽相同。"滨"，我们很熟悉，海滨、湖滨都是指水边。而"津"，我们已经在《水经注》中见过很多次了，像君子津、孟门津、白马津……意思是渡河的地方、渡口。"浦"的意思和"滨"差不多，经常

浦

用来指水边。不过，"浦"也有通向大河的水渠或河川汇合处的意思。

méi

湄

与水有关的字还有很多很多，《诗经》中有《蒹葭》一篇，提到了"在水之湄""在水之涘"，"湄"与"涘"

sì

涘

也和水有关。"湄"是指岸边水与草相接的地方，"涘"则是指水边。

总之，我们使用的汉语词汇丰富、博大精深，需要大家认真学习哦！

美丽的黄河三角洲湿地

现在，黄河三角洲与渤海相交的那片区域，是一大片美丽的湿地，也是国家级自然保护区。

这里有一眼望不到边的洼地，还有许多深深浅浅、大大小小的水塘和沼泽，和先前我说的盐碱地的风光大不相同。

为什么会这样呢？这都是国家大力调水调沙、进行生态补水的结果。以前，黄河水经常断流，进入河口一带的水资源急剧减少，导致淡水湿地萎缩，土地的盐碱化程度越来越高。国家为了保护这一地区的自然环境，通过多种途径，有计划地向黄河三角洲湿地补水，促进生态系统修复，使它重获新生。

现在的黄河三角洲湿地，是我国最年轻的湿地生态系统。海水和淡水在这里交汇，形成了广阔无垠的沼泽；沼泽里长满了芦苇，随风起舞，发出"沙沙"的声响；一群群水鸟"吱吱嘎嘎"地叫着，飞起又落下……

风光无限秀美。

黄河口这一片广阔的湿地，就像奇异的调色盘。每年从春天到夏天，再到秋天、冬天，湿地从一片鲜嫩的新绿，慢慢地变成淡淡的紫红色，最后是浅浅的白色，色彩变化多端。秋冬时节，一阵风吹来，蓬蓬松松的芦苇絮随风飘扬，似乎要把天空也染成白色。

黄河口还有一道独特的湿地景观——"红地毯"。每到金秋时节，那鲜红的"地毯"像是夹道欢迎黄河入海，铺天盖地，蔚为壮观。

这些"红地毯"是由一簇簇叫盐地碱蓬的野生植物"织"成的，当地人叫它黄须菜。这是一种在河流入海处常见的植物，能够在盐碱地里生存。当土壤含盐量达到一定程度时，盐地碱蓬就

能茁壮成长，并随着含盐量的变化呈现出不同的红色，成为黄河三角洲的一道奇景。

人们把盐地碱蓬称作"湿地先锋植物"。它们在咸涩的泥土中扎根，在漫长的岁月中改良着荒凉的滩涂。滩涂经过它们的改良，也能长出其他植物，引来多种飞鸟在这里筑巢、栖息。

走过美丽的黄河三角洲湿地，在新沉积而成的滩涂上，还有另一种特殊的自然现象——"潮汐树"。

如果你能从天空中俯瞰黄河入海口，就会看到泥沙淤积成的滩涂上被海水冲刷出一条条"枝丫"，组合成一棵棵"大树"。到了冬天，海水结冰，这些"潮汐树"便会变成一棵棵"冰树"，令人叹为观止！

这种现象与潮汐作用有关。在这里，黄河

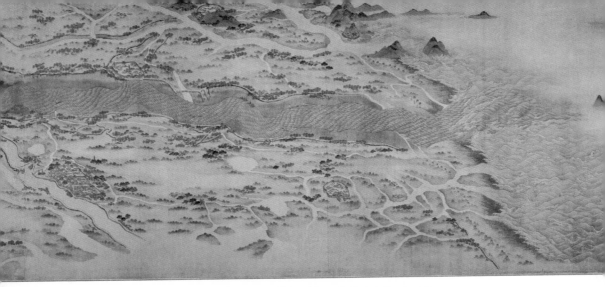

清代《黄河万里图卷》所绘黄河入海口一段

泥沙淤积出的滩涂质地松软，很容易被海水侵蚀。涨潮时，海水逆推河水，向陆地的方向爬升，流速较慢，使得泥沙大量淤积；退潮时，海水回落，流速很快，在滩涂上冲刷，就容易形成冲沟。

就这样日复一日，潮水不断加深沟槽，沟槽的主干和树枝状分支逐渐壮大，形成了一棵棵"潮汐树"。

真快呀，现在黄河终于来到了渤海边上，带着大半个中国的泥土气息汇入蔚蓝的大海。河水与海水在这里交汇，在广阔的海面上形成了一条犹如长龙般的黄蓝交汇带。游人来到这里，无不为这一奇观感到惊讶！

就这样，黄河正式结束了它5464公里的旅程，投入大海的怀抱……

果真是"黄河之水天上来，奔流到海不复回"！

亲爱的孩子们，现在我们到了和郦道元说"再见"的时候了！我们要感谢他用如椽（chuán）大笔带我们开启了这一神奇壮观、多姿多彩的旅程，《水经注》不愧是我国古代的地理名著。我相信有一天，我们还会与郦道元、与《水经注》重逢！

黄河三角洲湿地"潮汐树"